11位動物溝通師，11個生命交會的故事。

# 原來你這麼愛我
## 動物心中的小世界

黃孟寅、彭渤程 主編

11位動物溝通師，11個生命交會的故事。

關於愛的探索與體悟。動物們都知道。我們也知道。

# 目錄

圖片提供／文文

# 序：意外的邂逅

黃孟寅：台灣動物溝通關懷協會理事長、諮商心理師、心理師督導

七年前，我剛從研究所畢業並取得心理師執照，順利在大學裡的諮商中心找到第一份工作。之後，看見家鄉一所教育單位在徵求心理師——雖然我很喜愛大學的工作氛圍，但能回鄉服務更是我所盼望的——便辭去大學的專任工作，回鄉擔任一位專職的心理師。這一投入，一晃眼就是好幾個年頭。

回到家鄉的教育單位後，我的專長與工作重心在關注兒少的身心發展與校園議題，常常參與各種研討會和工作坊，以及不同的心理諮商專業學會。漸漸的，我也開始公開演講，以及後來的諮詢、訓練與督導的工作。每個學期的輪替變化就是生活常態，既忙碌又充實。我最喜悅的時刻，就是看見這群面臨嚴重適應問題與心理困難的孩子們，在會談過程中的成長與蛻變。

為了能更深入孩子的幻想世界（或者說是潛意識世界），我不僅接觸遊戲治療（協助兒童能透過遊戲的媒材，表達內心世界，並進而協助他們運用這些媒材訴說那些原本說不出口或無法表達的感受），也開始摸索「催眠」——這一摸索

就此走入心靈的另外一個「新世界」。

在一次自我催眠的過程中，一股突然迎來的強烈直覺與感受，我竟能「知道」家裡陽台外麻雀們的交談內容；不假思索也不需要費任何心力，彷彿忽然間有就一段話語湧進我腦中：「這裡！這裡！有好吃的！」我望向窗外，真的有許多麻雀蜂擁而至。我不禁懷疑，又覺得如此自然和真實，有些不確定剛剛經歷的過程，並懷疑是否是我的錯覺，但卻又相信，「這是真的！」

這種不確定卻又真實的經驗，興起了我想了解這是怎麼一回事的念頭。儘管不免覺得超越常理，卻也同時引發我的好奇心，甚至有種發現新大陸的興奮感。

## 震驚與新世界

多數我生活周遭的人們，如同過去的我一樣，對這類「非尋常」的經驗，大多抱持懷疑、檢視或一笑置之等的否定態度來看待。如果不是抱持著好玩與好奇的心態，我應該會跟多數人一樣，就此別過探索的可能性。

這些否定的集體代價，就是每當我們遇見或擁有非尋常的知覺與經驗時，很容易自我懷疑，而錯過可能早已存在的訊息。換句話說，也就是對人類的直覺常常感到難以信任、無法討論以及迷惑，甚至對此感到恐懼。

漸漸的，我查詢和接觸後，才發現很多與我有相似「非尋常」經驗的人，他們被稱呼為「寵物溝通」、「動物傳心師」等等，甚至在國外因為需求而成為一種新興的行業。我也發現有一群科學家，幾世紀以來，對這類的經驗是保持興趣、高度好奇，甚至以嚴謹的方法來研究，嘗試說明與探索人類的未知領域，這些內容包含超感官知覺、潛意識、直覺力、第六感、超心理學，或人體科學等等研究範疇。

事實上，超感知覺能力一直受到多種研究領域的關注，累積了許多實驗結果與訓練方式，證實人本身就早已存在超感官的知覺能力。從相關研究中發現，該能力可經由多種訓練方式與長期練習增進，而跨物種溝通能力（動物溝通、寵物溝通）僅是超感知覺能力的其中一種應用方法。

如果這是真實存在的現象，那麼這是否反映了一個不爭的事實：我得承認對於空間、時間、現實，和對於人類的認識上，是如此驚人的不足。而自從那日經驗起至今，我便開始嘗試實驗與驗證我們所經驗與體會到的所有一切。

## 開始驗證與練習的過程

多數的動物溝通師，包含本書的作者們大多透過一張清楚的動物臉部照片，便獲得有關動物給予的資訊，包含居住空間環境、散步的路線、飼主的喜好或是動物本身的愛好、彼此如何相遇以及身體的狀況等等。如此，動物溝通何以能被清楚確認與動物「聊到天」呢？

其實，動物溝通師接收到的資訊，具有能被驗證的特性，並且通常在動物溝通師本身不知飼主與動物任何資訊的情況下，仍能夠運用「直覺」、「第六感」感知動物的資訊，進而能與飼主核對這些資訊的實質性。「核對」是溝通成敗的關鍵，一位溝通師的穩定度攸關資訊的準確性多寡，資訊的正確性可不是透過猜測就能了事，也並非透過觀察動物的行為來了解。可以說，資訊的精確程度應遠早已超過一般人猜測機率的統計量，以及排除一切的人為因素去證實資訊並非偽造而來。

由此可知，動物的資訊並非觀察動物外在行為改變來得知，也非透過飼主的提問或蛛絲馬跡來獲取。動物的資訊內容是能被重複驗證與具有獨特辨識性，如同本書所有作者的進行動物溝通的歷程。

# 什麼是動物溝通？

動物溝通（第六感溝通、直覺溝通）是一種可以透過訓練，運用超感知覺技術得以進行跨物種溝通的能力。

動物溝通與動物行為學、動物行為改變技術不同，並非以動物的行為、外觀、習性等線索作為溝通之橋梁。像是第六感（動物）溝通係透過第六感知覺接收或自發性感覺到動物的影像、聲音、氣味、情緒或觸覺等等。少數動物溝通人員則透過聖壇、水晶、魔法、宗教儀軌、靈界、動物指導靈、大地或萬有之靈等方式輔助溝通的過程，此部分稱為「間接溝通」，雖然與一般動物溝通相似，但有所相異，較偏向靈性、靈媒的動物溝通模式。（本書撰文者們均屬於一般性動物溝通模式即超感知覺溝通，故本書相關討論或任何資訊中，將不涉及討論靈性的間接溝通。）

動物溝通師在動物溝通時，就是運用潛意識時的腦波狀態。動物溝通主要通過直覺力訓練、靜心訓練，以及特殊的「間接溝通」來完成。這些都需要透過靜心（心就是意識層次，靜指的是放下，靜心即為放下意識之意），因為透過靜心方能運用與生俱來的潛意識能力。一旦極靜專注，內在生慧，整個動物溝通的學習就是一種開啟特殊智慧的過程，因此只要常練習都可能學會動物溝通。

成為一位穩定度高的溝通師其實是很需要耐心，多數人往往不是學不會，而是失去耐性或沒有練習。練習本身沒有捷徑，可以說動物溝通就是需要一顆「寧靜的心」，來感受動物們的感覺，去知覺他們內心與生活的世界。

每個人本來就擁有寧靜，只是生活或是心靈上有太多喧囂，讓我們將眼光與能量都投注在這些問題上面，反而失去原本單純、簡單的自己。在動物溝通的學習過程，會先有段時間得探索與知覺自己內在的一切變化，安穩與清明的狀態如同孩子般單純與乾淨，因為我們得先能感受自身，才能知覺動物所給的訊息。本書的作者們能真實的表述這一切的歷程，將這過程跳躍成文字成為每一篇動人心弦的故事，包含那份探索自我時的擔憂與猶豫，一路的學習與探索，真著實難能可貴。

我經常在課程中提及，學習動物溝通是很孤獨的旅程，但這獨特的經驗，卻能擁有與動物互動時的幸福時光。動物們如此獨特的思維與令人會心一笑的回應，都交織在每一段溝通歷程。如果您想學習動物溝通，這會是一本能參閱前人學習階段歷程的書。如果您對動物溝通感到好奇，這也是一本幫助您輕鬆理解動物溝是怎麼一回事的書。

真心祈願，每個動物都有機會被聆聽！
謝謝你們。

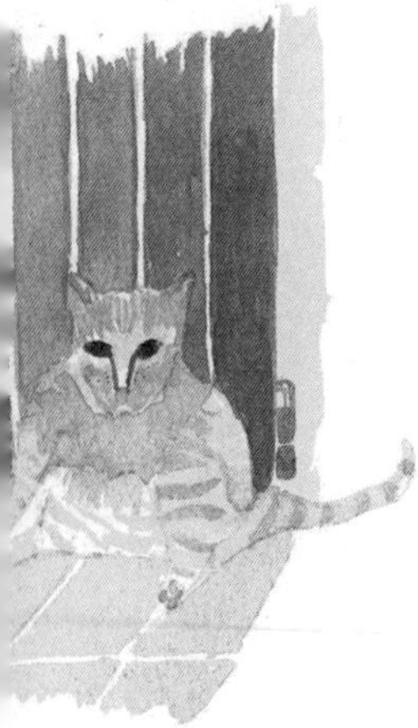

oussillon

St. Paul

BARBAPAPA.K / FRANCEXANIMALS

圖 / 文文

Arles

Avignon

# 平凡卻珍貴的幸福


## 陳柔穎（Chen Rou-Ying）

擁有與生俱來敏銳的心輪力量，溫暖安心的特質，協助探索情緒、關係與人生議題，找到生命的希望與曙光，藉由自身生命體悟，內在神性的開啟，多年身心靈的修持服務，陪伴當事人更清楚的對焦，找尋心靈的力量。

**專長：擴大療癒師、寵物溝通師。靈性占卜、天使傳訊、能量調整、動態靜心課程帶領、內在小孩療癒、靈性催眠會談。**

那是一個在中秋佳節，不在預定行程裡的一次寵物溝通，但卻讓我留下了無比深刻美好的印象。

每次在進行與毛小孩的溝通前，我會帶著自己先放鬆與靜心，在還未跟飼主確定線上溝通的時間，會先邀請飼主給予我即將進行溝通的毛小孩照片，以便讓我先行連結。

當時我便是請飼主提供我兩位毛小孩——柴犬與小貓——近期清楚的照片。在第一眼看見柴犬QB的照片時，似乎隱約地能感受到牠是個極度敏感又體貼的小男生，還有身披美麗斑紋的淘氣小貓MIKA，是個鬼靈精怪也頑皮的小女孩。

這次的溝通特別的是，因為飼主需要長時間在外地工作，往返間總會要跟這兩個孩子有長時間的分離，即便家人都能協同照顧，但在每次相聚後的暫時分離，飼主與孩子們之間的依依不捨總令人揪心。

而這一次飼主又將踏上外地的工作計畫，所以他們毅然決然的想將孩子們帶在身邊照顧，卻擔憂著在運送、飛行的過程會發生問題，像是寵物們必須被暫時單獨安置配送，跟後續外地生活的環境適應等等。這些可能會發生的所有狀態，他們都必須去面對並勇敢的突破。

而最不容易的，應該就是那份因為愛而產生的擔憂吧！深怕兩個毛小孩有任何生理與心理上的無法適應。

在約定好的溝通時間前，我依循著平常熟悉的步伐，走進自己的工作室，點起每次在溝通前，自己做靜心時會用的那一款宗薩斑竺雅藏香，並播放著熟悉的音樂，緩緩地靜下心，將QB、MIKA的照片放置眼前，用最放鬆的方式，等待約定好的溝通時間到來。

在等待過程中，彷彿就能清楚感受到許多關於寶貝們的訊息與畫面，甚至他們的互動方式，就如同電影中幻燈片播放的方式，快速的切換著。我拿起了紙筆寫下了每一個當下稍縱即逝的訊息，準備一一跟飼主溝通與核對。

此時線上的電話接通，那邊傳來說QB用著充滿安穩又期待的眼神，正窩在他的身旁。好像知道當下的我正要為他們與主人做更親密的對話，傳遞他們彼此之間的想法。

我向主人敘述QB是個細膩、敏感卻又懂事的哥哥，但陌生的環境與人事物也特別容易誘發他的緊張；沉穩顧家的特質，讓他總喜歡跟隨在家人的身邊，大過於跟其他狗狗的社群活動。

主人表示想帶著他們去外地一起生活，但因為擔心他的敏感，所以想更進一步了解QB有何想法，是跟隨亦或者留在台灣與其他的家人同住？

我試著與QB溝通，在進行中彷彿感覺到QB正躺在我的身邊，用渴望的眼神望著我。

當下的我，似乎能將我的雙手撫摸著他胸口兩側的毛髮，他躺在地板上，舒服的翻出肚子，我也順勢去撫摸他肚子，能感受得到他是多麼喜歡與享受跟人如此親密的相處。我想他正是在訴說他有多麼渴望和飼主一起生活。

我試著與他溝通、讓他理解，關於即將要出發的這趟旅程有一些不容易，他必須要準備好，有趣的是他清楚地向我傳達著：「有呀！我知道，也一直在練習讓自己適應。」

在與飼主核對時，我詢問是否已經先告知他們要前往外地的訊息，因為QB有傳達出他對這一趟遠行的決心，也已經開始自己練習，想跟隨的心意非常堅決。

飼主說著：「對啊，已經開始著手讓他們練習了，在準備配送他們的行李籠裡，反覆讓他們適應氣味、空間的大小。」此時QB突然釋放訊息給我，讓我感覺到他總是少了一些安全感。我便將這個訴求與飼主溝通，表示若在這十幾個小時的運送過程中，放上擁有飼主氣味的衣物，能讓他們依循氣味強化些許的安全感。

接著，MIKA也湊過來好奇的看了看，她的表情讓我感覺到她十分淘氣與充滿好奇心，還有她的探險精神。她是個跟QB有著全然不同個性的孩子，我也試著詢問MIKA對於這趟遠行有沒有任何想法，她給的回應，如同她的個性一般率性，一副天不怕地不怕的模樣，果決的表現出想跟隨的意願。

而我也將MIKA的心情傳達給飼主，這時我突然感受到她的眼睛似乎有些許不舒服與黏癢，與飼主核對著最近她的眼睛是否有受到感染的這個訊息，主人說明之前眼睛確實有受到感染，也已經好了一陣子，而今天上午有看見MIKA其中一隻眼睛有些紅腫，會用家中的藥水先幫她做處理，之後再去就診。

此時突然有畫面從我眼前閃過，我彷彿能看見MIKA上上下下在家中的高處攀爬，在攀爬過程中一個不小心就把東西推翻，而QB像大哥哥一樣的向MIKA吠叫，MIKA的反應卻是無視QB、一溜煙的往下個地方前去。

我似乎能感覺到MIKA有點沾沾自喜，對比著QB想管束妹妹的心情，QB不停向我告狀，要我為他轉達給飼主知道，要她不能太寵溺MIKA，要制止她的頑皮，QB好擔心MIKA會因此受傷或是把物品摔壞。

跟飼主說明QB的想法時，線上那頭傳來飼主不斷的笑聲，回應著：「是啊是啊，妹妹總是這樣欺負哥哥，而MIKA總是一直不斷鬧哥哥、激怒哥哥。」

此時閃過一個畫面，是MIKA窩在QB身邊撒嬌的模樣，不知道QB多疼愛這個妹妹，即便是剛剛的那些告狀，都是愛著妹妹的表現。

我也進一步的將畫面傳遞給了飼主，並且告知飼主QB深深愛著妹妹，他會扮演好哥哥的角色。

飼主回應我她會管教好MIKA，如果下一次MIKA有任何不乖、頑皮的行為時，就請QB直接告訴飼主，我試著把飼主的心意跟QB說，而他回應我的對話，讓我非常感動——他沉默了一下下後，要我跟飼主說：「我知道媽媽在工作的時候都特別忙，為了不想讓媽媽費神，我會把妹妹照顧好。」

當我將這段話完整的傳遞給飼主後，我特別能感受到飼主心裡的那份悸動，飼主一直說QB就是如此貼心的孩子。

我問了飼主有沒有特別想了解QB或MIKA的任何事情，而飼主針對QB提出了三個想知道的提問，一是想知道他是否能夠自己獨立的睡一張床，二是因為飼主對於寶貝們的毛髮有些過敏，而他非常喜歡整理自己的毛髮，所以獸醫有察覺到他的糞便中毛髮含量有些過高，想知道QB為何會過度的整理毛髮，三是對於更換的素食飼料是否能夠適應。

跟QB溝通的過程，他時不時的讓我看見他躺在媽媽床上睡睡醒醒的過程，期待睜開眼就能看見飼主的身影，因為這樣總能讓他感到安心。

QB特別喜歡跟飼主們有著很親密的肢體接觸，我問他是否一定要和飼主在同一張床上，他用畫面回應我，躺在客廳的地板上也能讓他安心睡覺，但他希望張開眼的同時，家人就在身邊。

我能理解QB所需要的感覺，若能讓他在睡覺的位置與飼主在同一個水平面，只需讓他睜開眼時，看見飼主在身邊即可。他是如此的渴望，時時能將目光跟他親愛的飼主連成一線。

接著我試著向QB詢問第二個問題時，能感受到他像貓咪一樣來回整理毛髮，而不喜歡毛髮上有一絲絲潮濕的感覺，特別是在每次尿尿完，QB會一直想要整理並且去舔舐下半身，過度的清理自己的毛髮，但這只是很單純的因為他喜愛乾淨。

還有個原因，是因為QB能感受到飼主容易有皮膚過敏的反應，所以他總是特別提醒自己，盡可能地維持自身的整潔。接著畫面瞬間跳到QB在寵物美容店裡，QB看起來似乎還是小時候，他告訴我他之所以不太喜歡水的感覺，是來自寵物美容店裡第一次洗澡的經驗。而且每次去美容時都必須要等待許久時間，飼主才會去接他，那份等待總讓他感到不安。

我接著詢問QB，對於飼料口感與氣味上的差異，在詢問的過程當中，彷彿能夠嗅到一股香甜的味道，口感上特別有種卡滋卡滋的感覺，就像QB正在我面前吃著飼料，如此的清晰與明確。

我將這些訊息一一與飼主反覆核對，QB好像意猶未盡，又突然讓我看見一瞬間的畫面——那是QB蹲坐在一位男性的長輩身邊，對我說要對他特別尊敬。我將這個畫面轉達給飼主後，飼主大笑著說那是他的父親，因為他總是對QB特別嚴厲，但也因為他們即將要將QB帶到外地，心裡的關心與捨不得也在這一段時間裡展露無遺。

在這段溝通當中，飼主更明白了QB的行為與個性，還有想訴說的事情。此時，時間與焦點轉向了MIKA，飼主唯一想知道MIKA的部分就是MIKA總是會習慣看著窗外、看著鳥，不知道究竟是想要抓鳥、還是在跟鳥群們說話。

我請飼主等待我一下，我跟隨著MIKA的視線看向窗外，MIKA總是對窗外的世界充滿好奇，她好奇窗外的這些鳥兒為什麼會飛翔、好奇他們可以去哪裡。

MIKA接著把畫面帶去飼料旁，告訴我她不喜歡飼料濕濕的、有水的感覺，我清楚地將她喜歡的飼料口感轉達給飼主，是那種跟QB所吃的食物一樣，喀滋喀滋、脆脆的、具有口感的飼料，核對了一下，才知道MIKA會去吃QB的飼料，但水擺在飼料的旁邊，總是會把飼料濺濕，所以我進而給了飼主一份建議，是將他們的水與飼料的距離稍微拉開。

此時我也特別詢問了一下MIKA，有沒有特別想要我傳達給主人的，而她只是率性的又跑去玩耍，我也把MIKA的狀態如實告訴了飼主，並且詢問飼主，在這溝通的當中，有沒有特別想要說的話，想傳達給QB或MIKA知道。此時電話那頭的飼主，笑一笑說：「那要等我一下下，我需要到樓上的空間，因為我害怕自己會忍不住掉下眼淚。」

一會兒飼主到了樓上的空間，帶著有點哽咽的語氣告訴我，她非常感謝生命當中有QB的出現，一開始她開始飼養他時，總覺得她是他的飼主，她花錢照顧他、飼養他，他就應該全然的聽她的話。慢慢的，在跟QB相處的過程當中，她發現QB總是守著她，在許多時候他不只是一隻寵物，而是能夠懂她、安慰她、關心她、傾聽她的家人——在他的身上，她學習到何謂愛。

無論她為了工作到了多遠的地方，QB總是會默默耐心地等待她回家，她好想讓他知道，她有多感謝他的陪伴與對她的愛。她會一直好好的照顧著他們，並且也會好好的教導MIKA，也謝謝QB如此照顧著MIKA，成為一個稱職的哥哥。

就在這樣非常溫馨與感動的過程中，我們暫時的結束了這次的溝通。

而那之後再某一天清晨，我收到飼主的訊息，她告知我：「在今天十點左右家人會將他們送到機場，然後交給寵物運輸的人員進行機場的檢疫，再搭一點十分的飛機到香港，香港再轉深圳，到深圳後會讓他們休息、吃吃飯，然後再轉寄到哈爾濱。請妳讓他們在過程中不要害怕擔心，過程中的不舒服等媽媽明天接他們就沒事了，要加油！我愛他們，爸爸也愛他們。」

雖然感覺得到QB與MIKA的緊張，卻能清楚知道他們正在努力的調適、適應，我告訴飼主，我會在這過程中，有空檔就跟他們對話，也請飼主安心。過程中稍微能感覺到QB總是一直站立著，不太願意趴下來，似乎他的站立是為了覺察環境來感到安心，而飼主也回應著：「對，他在焦躁或緊張時，特別會使用站立的姿勢。」我告知飼主，等到QB累了，他應該會慢慢的坐下，也邀請飼主試著放鬆心情，因為孩子們會感覺到她的擔心，而她的放鬆也會讓他們放鬆下來。

飼主轉達給我，這一次要遠行全家都支持著他們，也幫忙將孩子們安全地送到機場。時間不斷流逝，但主人的擔憂彷彿讓時間過得更慢了——時間來到下午一點鐘，我試著與孩子們連結，我能感覺到QB緊繃的肌肉，但似乎也累了正趴著休息，也或許因為他有睡午覺的習慣，這時間對他來講也是特別想休息的時間，而MIKA始終不改她的率性，總是如此自在。

接下來時間來到晚上七點半，我抓出了空檔的時間，再次的與孩子們溝通，感受到QB不太進食，只喝了少許的水，但狀況還算適應，而MIKA也還算可以，只是有些許被限制而產生的不耐煩。此時的我感受到飼主心中難以隱藏的擔憂，我想這對他們來講，都是漫長的一夜吧！

這時時間終於來到上午八點，我又再次與孩子們連結，感受到他們都安穩了，特別是一直讓我們擔心的QB也能適應這段旅程，我一直與他們說，再忍耐一小段路、一小段時間就能見到心愛的彼此。

也特別提醒了飼主，QB的肌肉都是緊繃的，如果接到他的第一時間，盡可能幫他輕柔的按摩一下身體，協助他能快速的放鬆，也要注意一下他的體溫，因為感覺一路上的溫度似乎有點涼，而QB沿路上總是昏昏睡睡，應該會在再見到飼主時，才能安心地入睡，而MIKA的狀態都算穩定。

到了傍晚，主人終於接到了他們，在到了新家後，他們彷彿解放般的瘋狂四處認識環境、瘋狂的進食與喝水，不到八點就全都睡著了。此時的QB安穩幸福的睡在主人幫他準備好的床，MIKA就緊貼在主人的腳邊睡著，此時此刻的我，也被這份平凡卻珍貴的幸福，深深感動著。

在每次進行寵物溝通後，總會讓自己浸泡在毛小孩與飼主之間那種全然無私的愛中，而這次的經驗之所以特別，是因為我看見了距離不是距離、問題不是問題，有愛就能一一的去突破、面對與跨越。而成為一個寵物溝通師，最大的收穫，我想就是這個當下，能分享那份最讓人動容的感動。

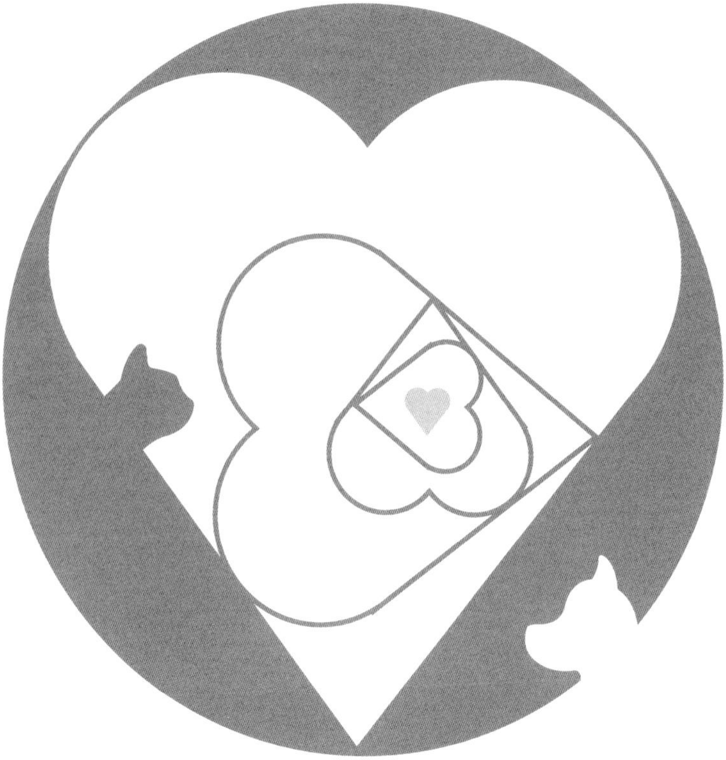

我們的愛都一樣

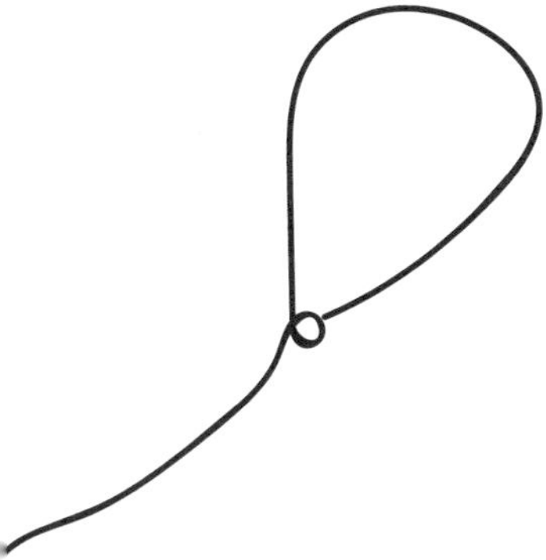


## Esther 劉怡德

外型瘦高內心溫暖，是兩隻貓的媽媽，喜愛騎公路車到山上呼吸新鮮空氣看山景，也喜歡做瑜珈，因為愛動物而改吃素，深信生命中得到的一切皆來自於給予。以「許太太與貓」的名號闖蕩江湖，期盼讓更多毛夥伴與家人們更貼近彼此的心。

歡迎您關注我的FB粉絲專頁「許太太與貓」。

我在鄉下長大，家中透天厝院子裡養著一隻陪伴我們十多年的小黑狗，叫做Sandy，週末時我跟妹妹的工作便是負責在院子裡幫狗洗澡。

Sandy很討厭洗澡，每回到了週六中午吃完午飯後，我們便開始準備替狗洗澡的前置作業，拿著沐浴乳、大毛巾，這時，Sandy似乎已明白接下來會發生的事，垂著尾巴默默溜走。

之後我們為了避免重蹈覆轍，我會在吃飯之前告訴他：「等一下我們吃飽飯，再來幫你洗擦擦喔。」自以為去掉「洗澡」或「洗澎澎」，Sandy就會聽不懂，沒想到他還是在我們吃飽出來院子時，再度躲了起來。原來他完全能理解我們的意思啊！

成長的過程中，我的生活一直有動物相伴。但我和動物的互動向來屬於單向，我知道他們能聽懂我的意思，但我卻完全無法理解他們的想法。

這兩年間，我聽到身邊有朋友開始接觸動物溝通，這引起了我極大的興趣，因此決定去上課，找回我跟動物相互理解的本能。

## 零距離的互動

動物溝通是一種輕鬆，毫不用力的狀態，聽起來很容易，但對於忙碌的現代人來說，最困難的反而是靜下轉個不停的腦袋。

老師說，當我們先把自己倒空，才能接收。上課的內容有大部分著重在如何持續專注的放鬆，放下自己、意識和想法，全然接受所有得到的感受。

心靈的溝通和言語不同，寧靜中，我和這個動物似乎合而為一，我們在同一個頻道上是一體的。我們的互動不受距離限制，不管他在地球上哪一個角落，我們都能彼此連結。有時收到的訊息像一個包裹，在我收到的瞬間包裹自動打開，這一刻我馬上明瞭包裹裡的每一個資訊、想法和情感，那是震撼、快速的，比言語溝通更有效率。

透過心靈的溝通，我與連結的動物使用五感以及第六感的感覺來互動，我會收到視覺畫面，有時像是短短的動畫，有時是靜態的畫面，也有味覺、聽覺、嗅覺和觸覺。記得我第一次收到嗅覺是來自一隻貓咪，透過甜甜的香味告訴我他喜愛吃主人的甜點，當時我嚇了一大跳，接著發現家裡沒別人，我身邊也沒甜點，就知道是貓咪傳過來的了。

剛開始練習時，我不太容易分辨腦袋中的想法是我自己想像出來的，還是對方傳送給我的。為了避免先入為主，我喜歡找朋友的寵物來聊聊，因為完全不認識這隻動物，得到訊息之後和主人核對，確認真實無誤的時候，自己會感到相當興奮。

經過一段時間勤加練習後，我漸漸能夠清楚當下自己的腦袋是什麼樣的狀態，只要我的腦袋清空又很清醒放鬆，就幾乎能肯定想法是對方傳送過來的。

## 我是一顆大樹

「專注」是良好溝通的唯一管道，下午睡飽午覺精神充沛，是讓我最能全神貫注，也是最合適做動物溝通的時間。我做動物溝通的首要步驟不是靜心冥想，也不是什麼特殊的儀式，其實是先把我的兩隻貓咪餵飽，安撫他們睡覺，不然在我跟其他動物聊到一半，自己腳邊的貓開始躁動就麻煩了。安頓好後，我喜歡坐在熟悉的書桌椅子上，闔上窗簾，塞入耳塞，讓自己不受視覺與聽覺的干擾。然後，我閉上雙眼慢慢呼吸，靜下心，開始一段簡單的冥想，幫助自己進入寧靜的狀態。

我喜歡想像自己是一顆美麗的大樹，樹根和大地緊密相連，樹幹挺直健康，我向天空延伸，雙手像樹枝一般向外打開，樹枝上長滿茂密的綠葉，擁抱著這美麗的世界。我想像自己正享受在舒服的藍天白雲下，我的枝葉隨著微風輕輕搖擺，覺得很安心、放鬆自在。接著我在心中，請求大地和宇宙幫助我和接下來要溝通的動物連結，幫助我協助更多動物，我願意接收每一個感覺、每一個訊息。

最後，我打開眼睛看一眼動物的照片，再閉上眼，心中呼喚他的名字，靜靜的，我和他便能連結上。

## 快樂的No.78

麥麥是我練習動物溝通的第七十八位毛小孩，她是一隻漂亮的紅貴賓狗，住在幸福的家庭裡。按照慣例，打完招呼後，我喜歡先聊一些輕鬆簡單的話題，而食物是最容易切入的角度，畢竟誰不喜歡吃呢？

麥麥立刻告訴我，她喜歡吃人吃的食物，並且給我看一個影像，是從比較低的角度看家裡餐桌，桌上有碗筷和盤子。原來她時常在家人吃飯時，坐在旁邊地上等人餵她吃一口。麥麥說只要乖乖等待，一定會有得吃。一聊到吃的，麥麥馬上口水滿滿，當下的我也感覺到自己的嘴巴中有許多口水，好像自己也很期待有吃的呢。麥麥還補充說，肉是她的最愛。聊天的過程，我覺得麥麥好像沒有固定吃飯的碗，她吃飯的地方在一個牆角處，後來也得到主人的證實。

我問麥麥有沒有自己的床、平常在哪裡睡覺，這時有一個影像飄進我的腦海，那是一個窄窄的樓梯，不是很多階。我納悶了，我問床，你怎麼給我看樓梯呢？你睡在樓梯上嗎？後來主人告訴我，他們家裡是樓中樓，晚上夫妻倆睡覺要走過這小段樓梯到臥房，麥麥也跟他們睡，但之前不敢自己爬樓梯，直到最近才學會自己爬樓梯。

聽完主人的說明後，我在電話中大笑，原來麥麥給我看樓梯，因為那是通往睡覺的重要過程啊，實在是太有趣了！

玩樂上，我問麥麥有沒有玩具，喜歡玩什麼，她告訴我有一個會彈跳的球，她很喜歡家人跟她玩球，也喜歡自己玩玩具。

接著，我問麥麥喜歡去哪裡散步，她傳送了一個很特別的畫面給我——我看到中式建築的三角形屋頂，和屋頂兩邊翹起來的邊緣。當我收到這畫面的當下，其實只有部分的影像，但和我之前看過的畫面很不同，於是我告訴自己再專注一點，仔細看看到底是什麼。

這個建築看起來很大，旁邊有寬敞的廣場，廣場上有許多人。我相當興奮地想著，我從來沒透過動物溝通看到這樣的建築，這到底是國父紀念館還是中正紀念堂呢？後來狗爸爸告訴我，他們家就住在中正紀念堂旁邊，他經常帶麥麥去那裡走走跑跑，而且每次他們都玩得很開心。

我還問麥麥，她喜歡做什麼事情，過一會兒我看到一個貼滿正方形白色磁磚勾著黑縫的牆壁。當下我愣住了，心想這種磁磚不是通常都在廁所裡嗎？怎麼會喜歡待在廁所呢？

後來主人告訴我，麥麥的媽媽在台北市大安區開了一家咖啡店，麥麥每天跟著一起去店裡上班，其中一個她常待著的空間，旁邊牆上就貼滿這樣的正方形白瓷磚。主人說，麥麥真的很喜歡待在店裡喔，喜歡和人一起相處，是個稱職的小店長！得到解釋以後，我也忍不住覺得，啊，原來是這樣啊！

最後，我請麥麥分享她想跟家人說的話，並且告訴她我會幫忙轉達。麥麥說：「爸爸媽媽不要吵架，還有，要保護我。」

狗爸爸聽到後，忍不住大笑說：「對啊！每次我跟太太有爭執，麥麥一定會站在我們兩人中間，想要協調的樣子。後來我們假裝吵架，麥麥也會立刻就調解定位，馬上擺出安撫我們的動作，真是個好孩子。」

聊天的過程，我感受到麥麥純真的個性，其實都反映在她生活中與家人互動的每個細節。對麥麥來說，她的家人就是她的一切，她想要家人和她一樣開心，好好支持與陪伴就是生活的目的。

麥麥就像是一個孩子有著單純的快樂，心情明亮又輕快。在我們聊天的當下，我體驗那份單純快樂，提醒自己別忘了這美好的感受，而我們不也都應該和跟麥麥一樣，付出自己的愛，盡情享受每一個與家人相處的時光嗎？

## 愛是許多大氣球 - No.12

透過溝通，我傾聽動物的心情、想法，以及他們對家人滿滿的愛。

Sophie是我前幾隻開始練習動物溝通的毛小孩之一，她是一隻年紀滿大的黃金獵犬。家裡的成員有爸爸媽媽、兩個小朋友，還有另外兩隻狗，也是一個充滿溫暖的家庭。

當時是我跟好幾隻不太理人的貓咪聊天後，處在一個有點挫折的狀態，急需跟個性溫暖的動物練習一下，於是我想到Sophie，Sophie媽也欣然答應。

我們照例先從簡單的生活習慣開始聊，Sophie先說她喜歡吃人的食物，因為很香。

接著我看到方形餐桌和四隻餐桌腳，在家人吃飯時，Sophie 喜歡在旁邊等著，媽媽經常會偷塞點食物給餐桌下的她。

她喜歡去有許多大樹的地方散步，那裡很舒服。她也喜歡睡在沙發上，覺得家裡很安全。黃金獵犬果然個性相當好，有問必答，樂於聊天互動，令我很開心。

最後在聊天結束之前，我隨興問了一個問題：「Sophie，妳愛妳的家人嗎？」在我還來不及反應的時候，馬上收到一個溫暖的畫面，裡面充滿許多很大顆的氣球，圓圓的，慢慢膨脹變大，漸漸向我靠近——原來那是滿滿的愛，我收到視覺化的愛！

當下我好驚訝，內心也跟著波濤洶湧。Sophie 哭了，她好愛她的家人們，她豐厚的情感像是河水一般朝我湧來，我也立刻哭了，大顆大顆的淚水不斷滾落我的臉頰，那個瞬間，Sophie 就是我，我就是 Sophie，剎那我接到所有的感情，跟著 Sophie 哭了好一陣子，直到她慢慢安靜下來。我很感謝她的分享，並且向她送上溫暖的祝福。

平常和家人說「我愛你」是透過言語和肢體傳達彼此的愛，但這是我第一次跟動物互動時，有如此強烈的感受，不需要言語，也不在彼此身邊接觸著，隔著遙遠的距離，她表達「我好愛他們」的力道是如此震撼、毫不懷疑，並且被溫暖的愛緊緊包圍著。

Sophie媽後來聽我回報時，也哽咽地說，這不是Sophie第一次動物溝通，卻是讓她最感動的一次。

## 世界只剩下我了 - No.63

Money是我練習的第六十三隻毛小孩，她是一隻年紀滿大的小狗，男主人過世之後，Money看起來很憂鬱，家人擔心她、想知道她的狀況，便找上了我。

當我和Money一連結上，立刻感覺到她心情低落。

似乎許久沒有人跟她説話，Money對於暖身的食物話題毫無興趣，反而急切地向我分享許多面孔，告訴我她有多思念主人。於是，我們一起回憶他們過往的生活。

以前主人會在吃完晚飯後，帶著Money到樓下散步，夜晚街道上亮著的路燈，從小狗的視角看來相當高聳，旁邊還有一個小小的公園，走一會後，主人會坐在長椅上，吹吹晚風，讓Money自由活動，而有時候主人會騎摩托車帶她一起出門，去看住在附近的女兒。

在家裡的時候，主人則是喜歡坐在一個單人的沙發椅上，看看報紙，也在餐桌上享用三餐。之前女兒在家坐月子時，主人也經常抱著小貝比，那個小貝比在家住了一段時間，主人很開心，Money也很快樂。

後來男主人因為年紀大而生病過世，Money很難過，覺得世界只剩下她了。Money含著眼淚說，大家都不了解她，不知道她深刻的思念和心痛，她覺得自己老了，視力不好，身體已不如以往，心情又相當低落，而現在家中冷清，希望家人們能多回來。

這段聊天充滿灰灰暗暗的氣氛，眼淚隨時會落下，我的心也跟著一塊往下沉。這不是一段輕鬆愉快的談話，卻讓我留下深刻的印象。我作為一個聆聽的角色，好好聽她訴說經歷與心情，並且試著鼓勵她：「主人一定很高興有妳的陪伴，讓你們的日子如此美好。現在也請妳多陪伴女主人，家裡會氣氛更溫暖的。」

Money的家人證實這些回憶就是以前他們的生活，透過這次聊天，知道狗兒心中的世界，和她深處的心情原來如此孤單和低落。過一陣子之後，家人告訴我，Money看起來心情比較好，不像之前那麼憂鬱了。我聽了相當感動，對於自己能夠提供一點幫助感到高興。

其實每個毛小孩都和人一樣，需要被仔細聆聽，而透過溝通，能讓家人和毛小孩更貼近彼此。

## 要相信

除了小貓小狗，我也喜歡和其他不同的動物練習，例如愛吃玉米片的小老鼠、害怕鳥從天上衝下來抓他的綠鬣蜥、很想飛的鸚鵡。和不同的動物聊天，也能從他們的視角來體驗不一樣的感覺。

我身邊的朋友曾經問我，怎麼知道自己能和動物連結、這到底怎麼運作。老實說，我也不知道這怎麼運作，或許這個地球有許多偉大的能量，只要安靜下來，每個人都能運用這與天俱來的直覺力，透過直覺和動物互動，也因此就能「感覺」到動物的想法。

就像學習一種全新的語言，需要不斷的練習，熟能生巧。

練習的過程一開始容易產生自我懷疑，一旦懷疑自己，便會越來越沒有信心、越來越接收不到訊息。在我充滿挫折的時候，孟孟老師跟我說：「怡德，你太小看自己了。」我才驚覺，對啊，為什麼一直覺得自己做不到呢？

我發現一定要相信自己，相信自己像一顆大樹一樣矗立著、相信自己是大地的一部分、相信自己能和動物連結、相信自己能接收動物傳送的訊息。只要單純相信，這些就是真的，只要放鬆及接受，就能做到。

希望透過我的三個小故事，能讓你更接受動物和我們是一樣的——有喜怒哀樂、有記憶與盼望，也會對同伴有深厚的情感、對生命有熱情。除了家中的毛小孩，我們每個人都能為所有的動物盡一份心力，特別是那些較為罕見的動物生命大多掌握在我們手上，期盼大家一起努力，給他們帶來美麗的希望。

# 果子狸「多多」

## 陳秀椁

「亞洲動物溝通師聯合認證」動物溝通師。
我是一個喜愛小動物和探索稀奇古怪事物的美術老師，與動物相伴40年的經驗，擁有一雙巧手，能在畫紙和不同媒材上創作，近期研究靈性手作與能量小物。

粉絲頁：椁手作－Orgonite。奧剛。乙太能量塔。水晶

## 緣起於兒時的美好與思念

從有記憶開始，我就一直和動物生活在一起，因為小時候家裡除了務農外，爺爺的副業是酪農，家裡養著近百隻的羊。

兒時的美好回憶，便是每天放學回家後，幫忙爺爺拿著奶瓶逐一餵養嗷嗷待哺的小羊。我喜歡跟在爺爺的屁股後面，模仿和學習著爺爺照顧羊的所有動作，抱著草堆平均分配給大羊飽食，左手、右手輪流擠壓母羊乳房的乳汁入桶，洗洗刷刷羊窩和清理便便……甚至有一次，拴在待產區的一隻母羊不停在哀嚎，我判斷母羊要生小羊了，但當時爺爺臨時出門無法聯繫上，小小年紀的我只好勇敢的充當產婆，拉著唯一在家裡的小姑姑準備毛巾、剪刀、吹風機……來模仿爺爺接生小羊的過程。成功的接生後，看著全身黏稠的小羊，在母羊舔拭與我協助吹乾濕黏的毛髮中逐漸站立，讓我無比開心且充滿成就感，以身為爺爺的小助手為榮。

除了養了許多羊之外，家裡還有為數十隻鴿子建造的專屬鴿舍，這裡是我的秘密基地，小狗、兔子、小白鼠、猴子、小鳥、烏龜等等，也都是我兒時的玩伴。

我的血液裡好像流著與爺爺一樣喜愛動物的因子，至今我仍然與毛小孩相伴生活著，喜歡這樣互相照顧與陪伴的感覺，同時也渴望能更進一步的了解他們。

我曾經因為陪伴自己十多年的毛孩子離世，陷入一段長時間的悲傷期，他是陪伴我度過人生許多時期的家人，雖然我該明白生命有始有終，但每每面對身邊小動物生命的逝去，總是無法割捨與放下心中的思念。

如果生命並非真的消逝，而只是轉換了不同的方式存在，那是否有方法可以連結呢？因為想要更了解動物，與對於生命課題的思考這兩個因素，讓我踏進了動物溝通的學習歷程。

## 接觸動物溝通

在我飼養的六隻貓咪家人中，有兩隻貓咪有行為上的問題，一隻名字叫「喵喵」的貓會隨處噴尿，搞得整個屋子都充滿他的味道，一隻名字叫「奶油鼻涕」的貓則是喜歡亂叫，尤其是在夜晚會特別大聲的亂哀嚎，這讓我感到非常困擾。

於是在朋友的介紹下，我找到了動物溝通師——孟孟老師，希望可以透過溝通來協助我家貓咪的行為問題，而那次的動物溝通經驗，對我來說是一個很神奇的體驗——只要傳送我家貓咪的照片，不需要與動物視訊，或是面對面就可以進行溝通了！

孟孟老師不認識我，也未曾來過我家，但卻能夠很精準的描述居家空間和貓咪的個性，著實讓我感到佩服，於是在預約的溝通時間裡，我詢問相關的課程資訊、是否需要天賦還是需要具備通靈能力……等等問題，當時老師說這是每個人原本就有的能力，透過學習人人都能學會。於是我就這樣期待著動物溝通課程，在開課時便立即上網報名。

在報名動物溝通課程後，我推估自己可能要花個一年半載才能勾得到邊，畢竟是完完全全的門外漢，所以我當時是帶著一顆謙卑、不抱壓力與期待，但百分百開放與信任的心去上課。

我萬萬沒想到，在溝通課的遠距溝通連結練習中，面對著動物老師——一隻黃金獵犬的照片，我竟然強烈感受到動物老師呼吸的急促、悲傷的情緒，而自己竟然也莫名的與之連動，使我無法自抑的急促呼吸、眼淚不停的掉落、感到悲傷，還有那眼前閃過一幕幕短暫的、片斷的畫面——看到動物老師在大草原跳躍與奔馳，玩著喜愛的球類玩具——這些都是如此真實而強烈的體驗，是又驚又喜的初體驗，我竟然就在第二天的上課練習中，透過我當時還不是非常明白的動物溝通與動物老師「連線」了！

這個經驗，讓我更有信心的向前進一步探索，至今我的動物溝通經驗已經累積了三十幾隻小動物，每一次的成功連結都像是得到了動物的信任，也收穫了許多小動物的分享。

## 與果子狸「多多」的溝通

在這三十幾隻動物溝通經驗當中，我想分享一隻名叫「多多」的果子狸的故事，雖然多多不是我溝通經驗中準度最高的，但對我這個新手而言，卻是讓我在溝通練習過程中，向前邁進與建立信心功不可沒的動物老師。

我與多多的溝通其實一開始並不順利，試了幾次但結果並不理想，在我思考與困擾著為何沒辦法順利連結時，從主人那裡得知多多並不容易親近人。

「是不是不易親近人的動物會不容易溝通啊？」我的疑惑在詢問過老師之後得到了肯定的答案。於是我感到有點氣餒的選擇將多多暫時擱著，轉而與其他動物溝通練習。

但有一次在與一隻朋友的貓溝通的某一剎那，多多突然的出現在畫面的右前方，並且用很好奇的眼睛看著我，我猜測著：「該不會是多多敞開心胸願意與我交朋友了？」於是我馬上向多多傳遞愛，並且告訴她：「我是妳主人的朋友，我是一位新手溝通師，希望能夠幫助小動物與主人之間更互相了解，也請多多幫助我，讓我這新手能夠更精進。」很快的，我接收到了很溫暖的回應，我的直覺果然是對的！多多敞開心胸了，而且願意與我交心，後來接連著幾次與多多的溝通都非常順利的連結，而且多多也跟我分享了許多關於她的生活。

## 充滿 baby 時期回憶的分享

原本不易親近人的多多，在敞開心胸之後，不斷的傳遞畫面給我，一開始出現了一個很長的溜滑梯，她讓我看她飛快的溜下來，而且伴隨著非常開心的感覺。

後來與主人進行溝通內容確認時，主人說：「多多小時候常常帶她去玩溜滑梯，但長大後就沒有了。」那個溜滑梯一定是多多非常美好的記憶，因此，我告訴主人以後有機會一定要帶多多再去溜，回味兒時的美好。

除了溜滑梯，多多還分享了許多她小時候的回憶，其實多多已經十六歲了，但對於這樣的 baby 時期仍然記憶清晰，多多傳遞了小時候被主人捧在手掌心，以及用布料包裹著的畫面，這個畫面維持了許久，而且也充滿著幸福的感受。

她還給我看被包紮起來的手指頭，我本來以為是多多受傷要跟我討安慰，結果與主人確認時，主人說那是她的手，因為多多小時候野性還很強，常常把她的手指咬傷，多多會很好奇的看著包紮的手指，然後把傷口的結痂啃咬掉，於是傷口又再次的受傷，然後又再次結痂……這戲碼一直在多多小時候上演著。原來對多多疼愛有加的主人，曾經歷過這般艱辛馴服的過程。

## 雜貨店是我的遊樂場

多多除了深愛溜滑梯外，也傳遞了跳進戶外湖水裡頭玩耍的畫面給我，不過那也都是多多很小時所發生的事，對於「老」多多來講，能夠記得十幾年前的回憶又很清晰的傳達，可見得有多喜愛啊！

「除此之外，還有其他喜愛的地方嗎？」我這樣詢問著。

於是出現了架上滿是商品的小商店模樣的畫面，看似是層架上放滿零食的便利商店，多多給我看的視角，是一種從地面抬頭往上看的仰角視野，而且是移動式的，好奇的探索著充滿商品的室內空間，多多在商店裡頭奔跑玩耍給我看，彷佛這個地方是她的地盤，可以隨處跑跳躲藏。

但我記得便利商店是不能帶寵物進入的，再怎麼友善的商店，頂多也只是勉強允許飼主抱著寵物，或是關入寵物籠才對，為何多多可以在地面上自在的玩耍？難道我接收的畫面是失誤的？

而在與主人進行確認後，我終於明白是怎麼回事了——我真不該輕易的懷疑自己接收到的畫面，有時越是不合理的畫面越可能是正確的——原來主人的老家在花蓮，家裡是開雜貨店的，多多描述的商店便是那裡，那裡是多多非常喜愛的遊樂場。

## 小動物們總是喜歡跟我分享他們的美食和玩具

我的溝通過程主要以視覺畫面為主，有時可以把小動物的美食看得很清晰，甚至可以感受到對於食物的渴望而流口水。像多多向我傳遞了她喜歡的食物的畫面，有香蕉、水蜜桃、草莓……等水果類，還有「蘋果麵包」。

當在溝通畫面看到蘋果麵包時，我覺得非常逗趣，因為果子狸不是都吃水果的嗎？怎麼我會看到蘋果麵包呢？

原來是多多的主人常常帶多多出遊，所以蘋果麵包是基於外出方便給多多準備的零食，而疼愛多多的主人平時會將水果切成小塊，用叉子一口一口慢慢的餵食，主人說：「因為多多有潔癖，不喜歡弄髒自己的小手。」但我笑說：「多多怎麼那麼像媽寶，連吃東西都要一口一口的餵食啊！」

多多也向我分享她最愛的玩具——布偶和橘色的球，還有一根羽毛。我看見從空中緩慢飄下了一根羽毛，但為何多多的玩具會是一根羽毛呢？這挺不合理的，在進行確認時，才明白這飄盪的羽毛是家裡的動物同伴——鸚鵡身上掉下來的羽毛，多多總是當成玩具好奇的追逐著。

## 舊照片訴說著美好的回憶

與多多的溝通過程，是從一開始的不理睬我，轉折到後面的幾次熱情分享。多多給了我許多畫面，而在進行內容確認時，主人也很細心的逐一幫我檢視這些畫面，並且翻找出了許多老舊照片與我分享，逐一驗證我在溝通過程所見的畫面。

這些照片就像多多的成長史，從幼小時被抱著喝奶、與各種玩具的合照、外拍照和各式居家照，主人在腦海中搜尋這些美好的回憶，而我也被一張張的照片感動著，感受到動物溝通所接收到的畫面是如此真實存在的。

## 溝通讓我更愛她

多多的主人是第一次接觸動物溝通，所以覺得這一切很神奇，主人說：「透過動物溝通，真的勾起許多多多還是幼幼時的回憶，於是也讓我翻找了一些相片，這些畫面也漸漸拼湊起來。我很感謝多多出現在我的生命裡，感謝她是如此的善解暖心，感謝她對家中陸陸續續出現的每個小生命，都是如此的溫柔。」能夠透過溝通幫助小動物和主人，明白與表達對於彼此的愛與感謝，還有共同回憶過去的美好，讓我真的很感動也很喜悅這樣的歷程。

有幾次我在進行溝通確認時，還曾不小心把主人弄哭過，因為透過溝通讓主人能更明白自己寵物的內心世界，甚至也因此化解了小動物與主人長期的誤會。

我曾經溝通過一隻拉不拉多犬，她抱怨著主人沒時間陪伴她，主人總是跟朋友出去玩，尤其是一個留著長頭髮、穿著長裙，看似很美麗的女子，這畫面不但非常清晰，還有一股很強烈酸溜溜的醋味，在與狗狗的主人確認時，才知道這是天大的誤會——主人是開店做生意的，狗狗以為的朋友和美麗的女子，其實是生意往來的夥伴，並非女朋友。主人得知後便哭得很傷心並且也承諾狗狗，以後會多挪出時間來陪伴她。主人之所以淚水潰堤，是因為釋放了積累在內心一段時日的愧疚、遺憾與誤會，而主人也在更了解寵物的內心之後，在往後的相處中，更加用心的去滿足小動物內心的渴求。

## 因動物溝通而拉近距離

這次與多多的溝通過程，深深感受到原本野性的果子狸多多，如何在主人細心呵護照顧下，融化了內心，成為家庭中的一份子。在與多多溝通結束前，我擁抱著胖嘟嘟的多多，並告訴多多：「希望有一天我能在真實世界裡擁抱妳！」我還特意囑咐多多，千萬別咬我呀！我不想跟妳主人的手指頭一樣，反反覆覆的受傷與結痂啊！

我與多多的主人是未曾見過面的臉書朋友，但因為與多多的溝通確認進行得太高興了，以至於忘了時間，我們聊到深夜，甚至約定了，以後若是帶多多回花蓮老家，一定會通知住在花蓮的我，讓我可以真實的擁抱多多。

我們因為多多而有交集，也在往後的時光裡，聊著關於小動物的各種話題。

## 愛，可以融化彼此的心

雖然多多不是我最精準的溝通個案，但她給我無比的驚喜與溫暖，從陌生疏離轉變成像朋友一樣聊天，讓我更有信心的面對之後每一次動物溝通。

在三十幾隻的小動物溝通經驗中，不乏個性孤僻、情緒低落、驕傲和難接近的小動物，但有了多多這個個案的突破，讓我在之後的溝通，都能不畏艱難、勇往直前，挑戰「性格特異」的小動物。

在每一次的溝通開端，我都帶著善意和愛來表達我的「忽然出現」，最終小動物總會以善意來回應我。我真心相信，只要真心真意、帶著愛與關懷為出發點，沒有真的拒人於千里之外的小動物，至少到目前為止都是如此——愛，可以融化彼此的心。

# 結語

探索動物溝通的過程中，從初窺溝通感到神奇，到之後每一次的溝通練習所得到的不同體驗，先後開起了不同的感官經驗，這讓我感到充滿挑戰與喜悅。

在這期間，我也覺察出了自己的變化，心更靜了一點、更能感同身受與同理，雖然有時我會經歷一些生活上的干擾，讓我會有一小段時間，因為思緒紛擾使動物溝通能力似武功盡失般的退化，但只要回歸內在安穩的狀態，溝通能力就又會回補回來。

就這樣來來去去、忽高忽低的，但這樣的起伏波動越來越小了，期許有一天，外在的紛擾不再成為干擾源，而我也能夠越來越穩定的進入寧靜的狀態，迎接當下與小動物交心。

有朋友開玩笑的問說：「妳最近好像電玩裡頭的主角一樣，點擊了『新的特殊技能』？」我聽了哈哈大笑，動物溝通確實是我最近學習的「新技能」，我沒有天生的特殊體質，也沒有通靈能力，更沒有心靈或是相關修行背景，僅僅就是一個平凡的很徹底的「麻瓜」，唯一的強項就是多年與動物相處的經驗和喜歡小動物。

許多提供小動物給我溝通練習的飼主，都會在預約之後連帶詢問我如何學習動物溝通，這就跟我當初問孟孟老師的問題一樣。我想這個問題以後都還是會有人詢問，而我會說：「我是完全沒有任何相關背景，從零開始學習的新手溝通師，只要有愛心、願意敞開心胸與保持自信，讓自己回歸單純寧靜的狀態，我相信你也可以跟我一樣，點擊這個『新的特殊技能』修練！」

## 關於果子狸的合法飼養知識：

果子狸（又名白鼻心）為三級保育類動物，僅可人工繁殖飼養，但不可捕抓野生果子狸來飼養，多多是有人工繁殖場出生證明，合法飼養的果子狸呦！

保育類動物合法飼養相關法規可參閱：

1. 野生動物保育法第四條

野生動物區分為下列二類：

(1) 保育類：指瀕臨絕種、珍貴稀有及其他應予保育之野生動物。

(2) 一般類：指保育類以外之野生動物。

2. 行政院農業委員會公告之「保育類野生動物名錄」。

3. 野生動物保育法第五十五條

適用本法規定之人工飼養、繁殖之野生動物，須經中央主管機關指定公告。

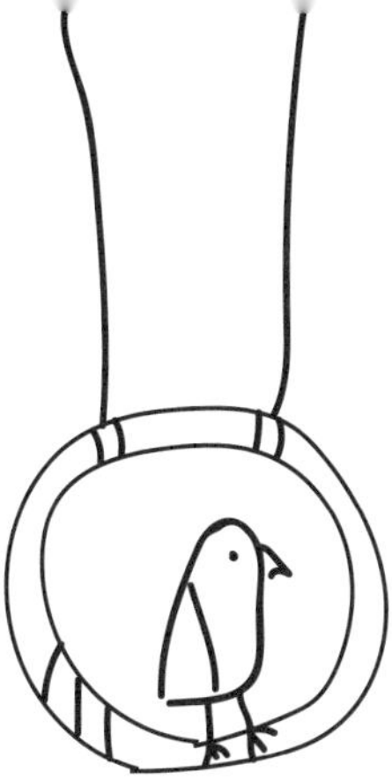

# 永遠的家人

## Sophie

我是Sophie。帶著原始天賦與覺知，體察與接受著，走向道途。

**【服務項目】**身心靈成長，華佗靈氣，光的課程、催眠、動植物溝通、靈性訊息解析。

**【服務宗旨】**以個案為主角，陪他們走一段尋找自己的旅程，讓彼此都能回到自己內在的安穩及成長。

**【溝通日期】**2016/05/20、2017/11/10

**【主人翁】**12歲左右，男生，太陽鳥，名字是「王子」，通常暱稱為「小王子」。

**【溝通目的】**協助家人能夠了解小王子的身體狀況，為照顧小王子找尋最適當的方式，並為彼此增加相互的了解。

**【溝通方式】**1.隔空溝通。2.與主人翁小王子面對面直接溝通。採用兩軌並行的方式。

## 緣起

跟小王子的媽咪認識將近二十年。對方從未知悉我是動物溝通師，所以，每次在我到小王子的媽咪家拜訪時，我總會趁著空檔，觀察著小王子的行動，而小王子似乎也明白我在關心著他，那是一種心靈上彼此明白對方的感覺。也因此了解小王子是個體貼溫柔的好孩子。

隨著時光流逝，小王子一直都擔心著家庭成員，無論是哥哥離開家出外求學、小姐姐也從嬰兒長大了許多、媽媽的年紀及身體狀況等等。小王子也總是在我去到家中時，圍繞在我跟媽咪的身旁；在我跟媽咪相處時，我可以感受到小王子對家人的關注及體貼。

為了不讓王子媽咪覺得太過突兀，在言談中，我會透露自己可以跟動物聊天談心事，偶爾也會跟王子聊天，對於我跟王子間的相處，王子媽咪總是覺得放心，也從未主動想了解王子內心的想法。

去年五月，大哥哥即將大學畢業，媽咪也在經歷著第二次化療後，與我相約聚會，當時我看著王子媽咪的氣色跟神情，聽她娓娓道來再次與癌症搏鬥的過程，我為王子媽咪的堅毅心疼著，但也幸好王子媽咪有宗教信仰作為心靈支柱，還有小王子的陪伴。

聊著聊著，在等待中，王子媽咪說到小王子的情形。

## 披露

雖然我常常會與小王子聊天，但大多時間都是他主動，畢竟王子媽咪未曾主動表達需要，基於尊重，除了到訪王子媽咪家時，會當場聽聽王子想告訴我的之外，離開後，大多都是王子主動聯繫我。

也因此，我與小王子間，彼此都相當熟悉與信任。在餐廳裡時，王子媽咪提起小王子，希望我幫忙了解小王子現在的狀況，我即刻與小王子聯繫上。

當時，我感覺到小王子非常疼痛，尤其是在頭部，便立刻詢問王子媽咪，是否發生了什麼事？她非常愧疚的告訴我，在前一天晚上起床上廁所時，不小心誤踩了小王子，她也不知道到底踩到王子的哪個部位，當時只覺得腳底踩到東西，開燈才發現，踩到的竟然是平時不會待在浴室門外的踏墊上的小王子。

而當時他似乎就好像已經受傷了，著急之餘，只能抱著孩子，心疼地對他説對不起，等到定過神來，才仔細觀察小王子的身體是否有傷口或不一樣的地方，而孩子緊閉著眼睛，不像平日的活潑。懷著忐忑不安的心情，先上網搜尋了動物醫院，但卻找不到治療鳥類的專科醫院，天亮後，先是詢問某家動物醫院，醫師的回應是先觀察小王子的活動力。

直到我們見面前，小王子不吃也不動，更沒有發出任何聲音，她不知道該怎麼辦，但是今天的見面又早已敲定，無法更改，心裡很是焦急。

我即刻感應著孩子的身體狀況，他很努力的回應我，讓我轉達給媽咪的是：「請媽咪不要自責，我沒有關係的。」

王子媽咪非常難過地問著：「是否孩子傷得很嚴重，他會離開我們嗎？」感應著小王子正忍受著極大痛苦的我，告訴王子媽咪，小王子需要我們現在趕回他的身邊。

做出離開聚會場所的決定後，我們以最快的方式回到王子媽咪的的家中。除了爭取時間之外，更希望在減少損耗王子精力的狀況下，得到更有效率的溝通。

短短二十分鐘的路程中，我安撫並鼓勵著小王子，告訴他，我們正在回到他身邊的路上。

我先是問著小王子，為什麼沒有在事情發生的瞬間就跟我聯繫？孩子的答案讓我眼眶濕濕的：「阿姨，因為妳最近也很辛苦啊！我不想要麻煩妳。而且，媽咪不是故意的，我在想，先努力讓自己好一些後再告訴媽咪後，會比較好。」

這個乖孩子，體諒著他身邊的每個人，用他的方式愛著我們。我們何其有幸？又何德何能！

王子媽咪專注著開車，並不知道我與小王子間不間斷的情感流動，及對他身體狀況的掃描。

王子媽咪對我有極大的信任感，因為以往與我的相處過程，及知道我是動物溝通師時，都未提問任何相關的問題，對此，我們都對彼此致上真誠的感謝。因為，如果沒有這樣的信任，小王子目前的困難點將無法獲得被理解的可能。更深深祈請著，宇宙中所有的存在都能夠給予支持的力量，一起為小王子送上純然的祝福。

## 祝福

越靠近家門，王子媽咪的心情越發緊張。開門的瞬間，我倆同時叫喚著小王子，不同的是，媽咪用聲音，而我則是用心。

不像平日回家就迎面歡迎的王子，只見他蹲在籠子裡，籠子不在平日擺放的位置，而是在王子媽咪每日禮佛做功課的神龕前。他的眼睛依然是閉著的，姿勢則是維持跟媽咪出門前的樣子，飼料盒裡也看不出孩子有進食的痕跡；種種跡象都説著王子的情況絲毫沒有好轉。

我請媽咪先別焦急，讓我來跟孩子繼續溝通。

孩子主動説起昨晚為何會被媽咪誤踩的原由。

「阿姨，謝謝妳來看我。昨天晚上，我離開籠子是想看看媽咪有沒有在休息或是睡覺。因為媽咪最近身體好像不是很好的樣子，我感覺媽咪很辛苦，常常都看媽咪好像累累的。小姐姐最近也對媽咪講話很大聲，大哥哥又不在家裡，所以我才被媽咪踩到頭，雖然現在很痛，但是我不想讓她擔心，只是現在我自己也感覺身體真的很痛。阿姨，妳能幫幫我嗎？」

此時，媽咪焦急的問著孩子的情形。我閉上眼睛，非常緩慢又仔細的掃描著王子的全身上下，在頭部的地方、靠近眼睛的部位，來來回回數次詳細的感應及掃瞄著，同時，也跟王子確認他的狀況。

孩子回應説，他疼痛的部位是在眼睛靠近右側頭的地方，所以他眼睛才睜不開，也因為疼痛跟看不見，所以不會想吃東西，也不敢亂走動。但是，這孩子還是擔心著愛他的媽咪。

「阿姨，請妳幫我轉告媽咪，不是她的錯，我的年紀也漸漸大了，行動變慢很正常，媽咪這些年來，把我跟大哥哥、小姐姐都照顧得很好，但是她自己也要好好照顧自己才可以。總是想到身邊的人，媽咪身體需要很好的照顧才可以。」

聽到這些話的媽咪，維持她一貫的微笑，但眼睛似乎微微濕潤著。

王子緩慢又貼心地繼續說著：「媽咪，如果這次，我沒辦法繼續留在你們身邊的話，絕對不要責怪自己喔，我很想大哥哥，希望大哥哥能回來看我，我想要停在他的肩膀上，我可以跟他說很多話，也可以好好陪著大哥哥。」

媽咪哽噎著問著：「怎麼了嗎？王子很嚴重嗎？我打電話給哥哥好嗎？」我對著焦急發問的王子媽咪，點了點頭。撥通電話的媽咪，對大哥哥說明著小王子目前的狀況，哥哥希望把小王子送去動物醫院接受治療，也表示這是我們應該為王子做到的最基本的部分，他會盡快回家來。媽咪跟我討論著因為沒有專治鳥類的動物醫院，該怎麼辦才好。

王子聽著我跟媽咪討論著如何帶他就醫的過程中，絲毫未見他對自己病情的擔憂，只是持續表達這些年來，他與家人相處中對於家人的愛。

「大哥哥心裡有很多難過的感覺，我陪著他，就是希望可以安慰他。媽咪跟大哥哥，都為了同一件事情難過了很久，所以媽咪生病了，大哥哥也不怎麼說話，我呱啦呱啦的，讓家裡可以熱鬧些。這次是我不小心被媽咪踩到，還讓媽咪跟大哥哥為我操心了，是我不好，如果我再小心點、動作再快一點，事情就不會發生了。我沒關係的，只要媽咪跟家人都好好的，我真的不要緊。」

小王子，對於自己傷勢狀況的輕描淡寫與對於家人的關心、擔心的急切心情，相較之下，細微著的卻也蔓延著的，正說明著他們彼此之間對愛的本質的解析與實踐。

媽咪表示，自從小王子的到來，生活中有了他的陪伴，的確得到許多安慰，即使有實還是會湧現悲傷，但看著孩子們和小王子，總會鼓起勇氣。

大哥哥原本是家裡的老么，但在一場意外奪走大女兒的生命之後，老么變成了只剩下自己，在小女兒來了之後，就又變成了大哥哥。

媽媽說著這些過往與現今生活時的神情，除了看見獨自撫養孩子的她，經驗過的生活中所有的曾經，同時也感受到身為一位母親的堅毅。

而這些竟然都落入了微小身軀的小王子的眼裡與心裡，他盡其所能的愛著他的家人，安慰著、陪伴著，在這個他的生命可能面臨存亡的時刻，心心念念的還是他最愛的家人。

此時，王子媽咪提到，王子早晚都會陪著媽咪禮佛及參拜，王子也提起了這個情形。

「阿姨，媽咪早晚拜菩薩時，我也默默地跟在旁邊喔，如果可以，真希望菩薩能幫幫我度過這次，不然媽咪跟大哥哥會很傷心難過。」掃描著小王子的我，感受到他的殷切心情。

希望在一時找不到專科醫院、未能送醫的情況下，能讓小王子能夠舒緩一些些疼痛。我對著神龕，虔誠的祈請菩薩，能為這家人施予恩慈。

在此同時，王子安靜了下來，我也感受到一股強大的溫暖能量，透過我的左手流向孩子的身體，他先是微微的動著，接著非常緩慢地起身，頭微微側著，彷佛在聽菩薩對他說些什麼。

我跟媽咪除了屏神靜氣觀察著王子的每個些微轉變外，也繼續討論接下來送醫的資訊及準備。此時，小王子忽然抖了抖翅膀，發出平日一般響亮的鳴叫聲，嘎——的一聲，有如天籟，王子媽咪瞬間流下眼淚：「我的小王子叫了耶！我的小王子叫了耶！我的小王子叫了耶！」顫抖的聲音，不難體會媽咪心中對王子的各種心情，有著疼惜、有著愧疚，還有許多的擔心與不捨。

大哥哥剛好也打電話詢問王子的狀態是否好轉些，在媽咪告訴電話那端的哥哥，有關孩子的轉變時，我忍住激盪不已的心情，告訴可愛的小王子：「王子，謝謝你的勇敢跟堅持。」我合掌用心香，感恩菩薩的庇蔭與扶持。

這次的經驗，最特別的就是，「只要相信，宇宙所有的存在都會感受到真心的祈禱，並且給予祝福」。帶著滿溢的感動，我跟王子及王子媽咪道別，告知隨時需要我時，就與我聯繫。

## 讚嘆

隔天再與王子媽咪聯繫並再次與王子連線時，知悉王子媽咪已順利找到專門醫治鳥類的動物醫院，而王子經過診療及細心看護照顧下，逐漸恢復健康。

王子也回應關心說著：「阿姨，我有去看醫生了，醫師把我的痛痛減少了，現在，我會努力讓自己趕快好起來，幫我跟媽咪說謝謝。也跟媽咪說不要再擔心了喔！」

哥哥也在下課後，先趕回家來探視王子，再匆匆趕回學校。經過幾天持續的治療，孩子逐漸恢復健康與活力，每天都會掃描王子身體狀況的我，除了跟孩子加油打氣；謝謝他的努力和堅持之外，真心的感動著的是這家人彼此間愛的連結。

王子媽咪描述著王子在看見哥哥放假返家時，跟以往一樣地，吱吱喳喳的繞著哥哥身邊轉來轉去，聽到小姐姐大聲回話時，就會拍打著翅膀，像是想幫媽咪發聲似的。

陪著媽咪時，更加的溫馴體貼，乖巧的吃著媽咪為她準備的食物。雀躍的心情與事發時的擔憂及自責交替著，我跟多年好友的王子媽咪說：「王子都會擔心著妳，妳的心情他都感受著，你們如此疼惜著彼此，深愛著彼此，這次事件，誰都沒錯、誰都不願意，但是，我希望你們都好好地更珍惜彼此，王子說過自己年紀大了，你也明白這是什麼意思，在未來的日子裡，給彼此多留下美好吧！」

王子發出嘎的一聲，我回過頭看了看他，點點頭。心裡接收到王子傳來的一聲：「阿姨，謝謝。」

王子逐漸康復著，家人們彼此珍惜中，我很開心這次的緣分如此美好。

## 期待

身為動物溝通師的這些歲月裡，每次與動物們連結時，總會有著許多感受。動物們不會記仇、不會抱怨，更不會吝於對愛的付出。他們總是一心一意的專注著自己所愛的家人，無論吃的好壞，住的是否安適，心裡眼裡只有那個他們所專注的家人，時時都想把自己最好的給予出去。

曾經有家長問我，動物是否有智商的高低時，我微笑著回應著：「您覺得呢？」或許這個問題並不代表著人類對於動物的喜好有著差異性，只是，我想著，思考著這個問題背後所可能的意義。

在人類社會中的模式，相較之下，可能大多關注幼兒的會多於長者，但動物的年紀與人類的計算方式不同，一歲的他們可能已經成年到可以繁衍下一代，接下來每增加一歲都已不是與人類的一歲相同。

我們誤以為還年幼的他們，可能都已經比我們年老許多，十二歲的王子早已經是鳥類中的高齡，他口中的媽咪跟大哥哥，對他而言是永遠的家人，是他此生鍾愛的付出。

對我而言，智商或許有高低，但對於「愛的實踐與付出」，早已凌駕在智商高低的框架中。

一邊是錦衣玉食的父母懷抱中的毛小孩；另一邊則是付出一天勞動後僅僅只能溫飽的毛爸或媽，但是，無論是哪一邊，對兩邊的愛實無軒輊的往往是毛孩子，因為他們的純真與善良，幾乎都如出一轍，只想著、愛著對他最重要的爸媽而已。

不會因為食物差，也不會因為病而離棄，反而亦步亦趨地跟隨著。如果有心想照顧動物的朋友們，請事先了解他們可能的狀況，動物也會有生老病死，隨著照顧方式不同，他們可能衍生出許多狀況，會有醫療費用、會有病後照養等等。

動物年幼時的可愛，往往是讓我們一時心動而把他們帶回家的主要因素。但要持續照顧直到他們離世，無論在心理、生理及經濟條件上，都必須有一定程度的準備，經歷諸多與中途的配合中，常常希望自己能夠給予更多的資訊，讓每位毛家長們理解。這條路，持續地走著，期待有一天，對動物的愛護與照顧都能成為普世價值的來臨。

# 外埔漁港的小黃狗

Hank

我是一個身在新竹科學園區的工程師，兩隻米克斯犬的老爸，每到假日就是帶著狗往海邊跑的衝浪人，熱愛精品咖啡的烘豆人。因熱愛大自然、熱愛動物而學習寵物溝通，有著多重身分，但仍然是一個為了每天的生活而奮鬥的普通上班族。

喜歡分享剛入手的咖啡豆心得。身為一個與大海為友的衝浪人，也趁機分享減少垃圾製造，友善大海的想法，希望世界上每個人在製造一個垃圾的時候都能夠多想一下。

學習寵物溝通之後，讓我對動物、對自然環境更有同理心，更會站在動物的角度感受他們的悲與喜，也讓我對於善待自然環境、減少環境負擔，有著更深切的執著。

## 竹苗的冬天衝浪聖地

台灣四面環海，因此雖然衝浪在台灣只是剛剛萌芽的一項運動，但東邊海岸的美麗浪況已經在國際上享有盛名了，而西部海岸的浪型與海洋雖不若東海岸那般充滿自然與原始的美麗，但是由於大部分城市距離海邊都不遠的優點也讓衝浪成為各縣市不少民眾的假日休閒活動之一。

外埔漁港是近幾年新竹苗栗台中浪人冬天的一個熱門浪點。這裡的浪型雖不像東海岸來的有力，但漁港堤防旁擋風的特性，加上沙灘地形，使得每當東北季風來臨時，這個地點偶爾會出現還不錯的海浪，因此外埔漁港的沙灘是住在竹苗一帶的熱血浪人在冬天衝浪的好地方。外埔漁港占地面積廣大，漁港旁有一個很大的停車場緊鄰著堤防，穿過堤防就是外埔沙灘。由於新竹、苗栗一帶的潮差非常大，外埔沙灘只有在退潮的時候才會出現，一般滿潮時是看不到沙灘的，因此浪人們總是計算好漲退潮時間。根據經驗及氣象預報的數據來判斷最有可能出現最佳浪況的時間，在天亮之前就起床來到海邊。若沒有計算好潮汐及浪況的話可能就在停車場等待退潮，或著站在堤防上看著大海，猶豫是否該著裝下水還是回家睡大頭覺。

## 漁港的小黃哥與小黑妹

「小黃哥」與「小黑妹」是住在外埔漁港兩隻一黃一黑的小流浪狗，兩隻大約都在一、二歲左右，還是貪玩的年紀。小黑妹在去年冬天來臨前被發現身體有些狀況，所以被常在外埔衝浪的好心浪人將她帶去醫院，並經過一段時間的治療之後交給一位好心人士收養，現在已經有一個溫暖的家，過著幸福的日子了。

在小黑妹有人收養之後，漁港這裡只剩下小黃哥自己一個，小黃哥有許多不同的名字，有人叫他老大，而我喜歡叫他小黃哥，以便跟小黑妹區別男生女生，不過小黃還是最多人叫的。

每次一大清早去到外埔漁港停車場，小黃就會乖乖坐在停車場的馬路正中央，搖著尾巴等待浪人們的到來，只要我們停好車就迫不及待地熱情的貼近門邊迎接我們。

因為小黑妹與小黃哥的關係，我們車上會放些飼料或是適合狗吃的食物，來衝浪時順便幫他們帶點東西填飽他們的肚子，可能因為流浪的關係，常常有不同的人給他吃許多不同的食物，因此小黃這傢伙倒是對食物挑剔得很，帶的食物若是不好吃他還不一定賞臉呢！

每次餵完小黃吃些東西之後，他會跟著我們走上堤防看看今天的浪況，當退潮的時候沙灘出現，我們穿上防寒衣拿著衝浪板穿過堤防走到沙灘時，小黃則跟在我們腳邊一起到沙灘上，我們在做衝浪前的熱身準備，小黃則自己在沙灘上不停東挖挖西挖挖探索沙子下的新鮮事物，忙得不亦樂乎，好像這片沙灘充滿了各式各樣的樂趣。

若是他忽然從沙灘消失，那麼就表示他又去迎接其他浪人的到來了。等到我們衝完浪上岸，小黃會乖乖地趴在車子旁邊陪著我們擦乾身體換完衣服，就這樣靜靜地陪伴著我們，陪伴著外埔漁港的海。

直到我們要離開時，他會依依不捨地擋在車子前面不讓我們離去，直到我們狠下心讓車子一點一點慢慢前進，他才會心不甘情不願地讓路，但仍然緊追著車子追得老遠，直到知道再也追不上了，才站在路上目送我們離去，不知道的人可能會以為我們正在把小黃棄養吧！而他就這樣不斷地在每一個浪人衝完浪回家時，來個十八相送的戲碼。

我們浪人之間曾經討論過收養小黃的可能性，但無奈大部分浪人不是家裡已經有一兩隻狗而無法再收留小黃，就是家裡面並不適合養寵物，因此雖然心疼小黃孤孤單單地待在外埔漁港，但漁港這裡有建築物可以遮風避雨，有食物有水喝，小黃待在這裡至少安全無虞。

## 變故

二〇一八年二月初強力寒流來襲，氣溫下探到十度左右，我雖然是個熱血的浪人，但這個週末同樣跟大部分人一樣發懶窩在溫暖的被窩裡，也沒有往外埔漁港跑去，雖然心裡有點掛心小黃，但外埔漁港有建築物可以遮風避雨，對長期流浪的小黃來說應該不是問題。隔兩天我在上班的時候收到外埔浪友傳來的訊息，他說：「我把小黃送醫了，今天發現他倒在樹叢裡，叫他完全沒反應，醫生說可能是失溫加上食物中毒。」

看到訊息的當下我有點愣住，一個禮拜前小黃才活蹦亂跳地跟著我們去看浪，怎麼隔一個禮拜就生病送醫呢？恨不得立刻前往醫院看看小黃的狀況，心中懊悔若寒流來的週末不要偷懶，去海邊看看小黃的話，或許他就不會生病中毒了。

浪友告訴我，醫生說小黃的肝腎指數過高，很可能是中毒，無法自行進食，而且持續昏迷中，狀況十分嚴重，目前還在危險期，需要看他能不能撐過去。就這樣持續幾天，浪友一直更新小黃的訊息給所有關心小黃的衝浪朋友，也有人每天到醫院報到，陪伴著小黃，跟他說說話，替他加油打氣。

醫生幫小黃插了鼻胃管，因為很多藥物跟營養液都需要透過鼻胃管給小黃，小黃的四肢也一直很冰冷，而且還是會吐血水。

大約一個禮拜後，浪友傳來訊息，說醫生告訴他小黃的情況每況愈下，他的腹膜炎很嚴重，鼻胃管的食物及藥物卻不能發揮作用，血檢報告也很不理想，用來修補器官的低蛋白指數相當低。

醫生提議可以做價格非常昂貴的低蛋白靜脈注射，但是這個藥物對小黃不一定有用，而且可能會產生過敏現象，若小黃無法自行吸收的話，那麼後續的治療除了徒增小黃的痛苦及龐大的醫療費用之外並沒有多大的意義。

討論到這裡，浪友告訴我：「若該做的醫療都做了，小黃仍無法活下來，那麼就必須勇敢地放手，讓小黃好好離開這個世界。」即使嘴裡說得很瀟灑，但是我們心中都明白，要鬆開手讓他走，對所有人都是一個非常痛苦且艱難的決定啊！

我只能安慰他說：「小黃是你救的，無論你做什麼決定我們都會支持你。」

然而，雖然這樣告訴他，心裡卻覺得自己說的很不負責任，這是因為決定小黃生死的不是我，所以我才能夠輕易地說出「支持你」這三個字。

## 小黃你怎麼想的？

小黃剛被救起時我就有跟小黃進行過一次溝通，小黃說他好像吃到雞骨頭，但是也不知道是吃到什麼中毒，反正有好吃的就很開心了。這陣子生病之後常常有很多人去看他，雖然他現在沒什麼力氣，但是他很努力在讓自己好起來。

即使心裡沒有任何計畫，我還是告訴小黃如果他好起來，我們不會讓他在外面孤單流浪，一定會幫他找一個家。但是這次的溝通是在得知小黃可能需要面臨被安樂死的命運之前的事情了。

在醫生告訴我們小黃有可能要面對安樂死之後，我跟浪友聊了許久，不外乎是是否就這樣放棄小黃，以及過去各自在海邊遇到小黃依依不捨的經歷。

關於要不要幫小黃拔管，真的是一個很艱難很痛苦的決定，我跟救援的浪友討論一下，我打算再跟小黃溝通一次，瞭解他對於面對死亡的想法。於是我決定再跟小黃溝通看看，聽聽看他是怎麼想的。

但是我的心情在這個時候卻一直無法平靜下來，太多雜亂的訊息在我腦海中——小黃曾經是那麼活潑討喜，陪伴著我們的海邊生活，但是才一個禮拜不見，現在卻躺在醫院昏迷不醒，並且馬上就要決定是否要送他上彩虹橋了，以後衝浪時就再也看不到那個可愛又討喜的小狗，更何況小黃的生死還要交到我們手中，那是無論如何都捨不得的啊！

好不容易放鬆心情讓自己的心靜下來，集中注意力避免被外在事物干擾……跟小黃連上線……

小黃說：「雖然現在沒什麼力氣，但是我很努力並且很有決心要讓身體好起來。我雖然很期待新家，但是在原本漁港旁的家也過得挺不錯的，這些浪人就是我的家人啊！這幾天好多人來看我，真的好開心！這輩子我有家、有家人，其實沒什麼遺憾了，但是我還是會努力到最後，無論最後結果如何我都接受。」

最後他給我看一個便當中的滷雞腿，他說如果可以的話他想吃滷雞腿。原來對小黃來說，他並不覺得他在流浪，漁港這個地方就是他的家，更讓我們感傷的是，他把我們這些拿著衝浪板的傢伙稱做是他的家人。

其實原本跟小黃溝通是打算告訴他我們可能會請醫生幫他執行安樂死，但是聽小黃説著他還想努力看看，便覺得如果他沒放棄的話我們也不該放棄。至於滷雞腿呢……這傢伙還是一樣讓人好氣又好笑，連打開嘴巴的力氣都沒有還想吃滷雞腿？但是這一回我們只能苦苦地含著淚水笑了。

有一位浪人說，小黃就像在努力追著一道艱難的浪，他還是想努力去追追看，但最終若是追不到的話，他也會接受這樣的結果。

隔天我驅車前往醫院探望小黃，剛好遇到另一位同樣去探望小黃的浪友，我告訴她小黃說想吃便當裡的滷雞腿，而她隔天還真的帶一隻雞腿去給小黃，不過雞腿倒是被醫生擋在門外，怕小黃聞到味道太激動。

事後我才知道，因為那一位浪友吃素，帶雞腿給小黃這件事情對她來說其實並不是件容易的事。不過她說反正最糟的狀況已經出現了，只要有機會讓小黃好轉，任何方法都願意嘗試，不差這一根雞腿不是嗎？

## 轉機

除夕的前兩天浪友告訴我，小黃打了低蛋白之後沒有出現低蛋白的過敏反應，情況似乎稍有轉機，隔一天他睜開了雙眼，稍微有點意識並且開始想動動四肢，雖然還是很虛弱，但是不像之前只有偶爾睜開眼睛又昏睡過去的狀況。

小黃的新媽媽也遠從台北來到台中，看看他、摸摸他，替他加油打氣。過了幾天，醫生説小黃進步很多，現在能夠吃一點點罐頭了，但是因為吃東西還是會吐，大部分還是需要用鼻餵管進食。

醫生也提到小黃身上很多皮膚組織已經確定壞死，很多地方幾乎深可見骨，原因是之前小黃的身體狀況太糟糕，許多傷口已經開始敗血漸漸擴大，醫院只好做切除手術避免傷口持續增加。也另外打了很強的抗生素與止痛劑，因此小黃會一直呈現昏昏沉沉的樣子。

接下來大約兩週的時間，小黃的身體康復雖然很緩慢，但確實一點一滴地好轉中，他身上的傷口面積非常大，需要打鎮定劑讓小黃穩定才能讓藥布紮實地固定在傷口上，從浪友更新的照片上看起來，這傢伙整隻也包得像個木乃伊狗似的，真的很令人心疼。但是看著他越來越好，讓我們心中充滿了無比的感動及感激。

接下來的日子，他仍然是躺臥著，但是漸漸可以自行進食，鼻餵管也拿掉了。再過幾天，浪友傳給我小黃站立的影片，看到他能夠站起來真的好感動，這傢伙真的好堅強啊！

因為躺臥將近一個月的時間又大病初癒，剛開始四肢腳都沒有力氣，要站立地十分勉強，只能靠著牆壁勉強站立，但是看到他能夠站起來，真的讓人太開心了！

就這樣，日復一日地換藥及積極復健，小黃從躺臥了將近一個月的時間，到可以站立，到後來能夠往前走，看著他一點一滴地越來越好，心中充滿了說不出的激動。

三月十四日白色情人節，我們終於盼到小黃出院的那天。出院前小黃還在醫院的治療室晃來晃去，知道他要出院了，好幾個正在休假的醫護人員也都回到醫院來歡送他，醫院裡所有人都認得他了。

就連醫生在交代醫囑時也是語帶著哽咽，他們幫小黃準備了兩袋處方飼料及一大箱處方罐頭，還附贈一張給小黃的卡片。醫護人員說小黃是個生命小鬥士，是這段時間醫院裡最療癒的小毛孩了，他站起來的那天醫院裡所有人都感動得要命。

真的很感謝醫護人員在這段期間的細心照料，才能讓小黃如此完美的康復。離開醫院時，每個人都跟小黃說再見，握握他的手，有的甚至紅了眼眶。從小黃進入醫院到出院，總共一個月又七天。

家

在小黃住院時，浪友們已經先幫小黃找到了一個位在台北的家，只要小黃一康復立刻就可以直接住進新家了，現在小黃已經成為新家的一分子，從最近的影片看起來，小黃食慾很好，走路漸漸正常，活動力也越來越好，漸漸恢復到那時候陪著我們看海浪，在沙灘挖坑的那隻活潑好動的貪吃小黃狗。新主人也常常幫他準備大餐，讓他把住院期間沒吃到的份量都補回來。

小黃的故事有了一個美滿的結局，他不放棄地拼命追逐這道浪，讓他可以站上浪頭，馳騁在浪花之間。每一道浪終究是有消失的時候，小黃也會有走下浪頭的時候，但我們都知道，對他來說那會是很久很久以後的事情了。

## 後記

這次小黃事件，對我們許多愛狗的浪人來說是紮紮實實的上了一課，在醫生告知我們要有最壞的打算時，浪友甚至一度懷疑救了小黃到底是對是錯，是否救他只是徒增他的痛苦罷了。而在跟小黃進行溝通之後，我的確對於小黃的狀況稍微多了一些希望及肯定，相信救援小黃是一個正確的決定。

我能明白動物溝通在許多人的眼中就像怪力亂神，但在小黃的故事裡，動物溝通的確幫助了我們在小黃還在努力奮鬥的時候沒有就這樣放棄他。很慶幸曾經學習過動物溝通，無論是否是巧合，但那一次的溝通真的在小黃的生命中成為一個非常重要的因子。

小黃的奮鬥故事對於一路看著他的我們有很深很深的感動，我們真的非常感謝救援他的浪人、細心的醫護人員、小黃的堅強意志，當然還有那龐大的醫療費用。

歷經生死關頭，去鬼門關前晃一圈的醫療費用可是比出國晃一圈貴上許多，總金額超過二十多萬，浪人們並非專業的動物救援人士，沒有進行公開募款，二十多萬對於救援一隻流浪狗的浪人來說無疑是個非常沉重的負擔，但是在地浪人通力合作贊助救援資金，大家合力分攤了這個龐大的醫療費用。小黃康復後，我們總是笑說，這傢伙絕對是這一帶身價最高的黃金單身狗。

小黃是一隻很幸運的流浪狗，很少有流浪狗遇到生死關頭可以得到這麼妥善的照顧，以及這麼多人替他加油打氣，替他祈禱度過難關，甚至幫他找到未來的家。

然而，小黃的案例只是少數中的少數，對照收容所中的流浪動物是不會這麼幸運的，公家機關收容所犬隻的醫療費用是有一定上限而且並不十分充裕的，超過醫療上限太多的犬隻無法進行治療，通常是以安樂死的方式處理，以降低收容所內的流浪動物爆滿的情況，說到底流浪動物的救援或安樂死仍然是卡在現實面。

再者，由於我們對於小黃的情感，希望先救活之後再去考慮資金的問題，因此每個人都付出了非常多，無論是贊助醫療費用的金錢，住得近的每天探望小黃替他加油打氣，住得遠的則是每天替他祈禱、幫他找收養的家庭等等，所有人用盡力量地支持著他。可能就像小黃告訴我的，因為他已經把我們這些浪人當作是他的家人了，所以我們也對小黃有深深的感情，才會盡我們的一切努力為了他的幸福付出。

但大多數的流浪或是收容所內的動物，受到的關注與照顧以及得到的醫療資源絕對不會像小黃得到的這麼多，由於野外的生存競爭非常激烈，大部分流浪動物遇到受傷、生病等情況，並不容易在野外存活下來。除了傷病本身之外，受傷動物受到天敵的侵襲也是一大主因。

流浪貓狗除了本身生存不易之外，對於原生動物的生存空間也是一大傷害，我不時聽到山羌、穿山甲、石虎或台灣獼猴被流浪狗攻擊的新聞，因此除了餵食、流浪犬貓之外，絕育是一項減少流浪貓狗源頭非常重要的步驟。

在激烈的物競天擇下，大自然選擇人類做為自然界最強勢的物種，但人類絕對不應該為了自己的私慾去侵犯其他物種的生存棲息地。期許每個流浪動物都有自己的一片天地。

# 期待與你相遇

Ellen

金融服務業，從小喜歡小動物也愛幻想自己能像電影杜立德一樣聽見動物們心聲。

# 貓物語

我躺在床上，耳邊又傳來阿喵的叫聲與抓門聲。

現在是幾點？

床尾落地窗外的天色未亮，看一下手機時間凌晨五點多，天啊！阿喵！你不知道職業婦女最需要的就是「睡眠」嗎？

每天差不多凌晨四、五點阿喵就會來叫門，一年三百六十五天沒有一天請假休息，真該頒個全勤獎給他——阿喵——我們家的豹貓，男性，是一隻精力旺盛又驕傲的貓。

其實阿喵剛出生沒多久就來我們家了，他的個性並不是很親近人，平時不給抱、也叫不來，但也不能不理他、不跟他玩……等等之類，是眉角很多的一隻貓，同時也是我們家的小霸王，我們全家都屈服在他的貓爪之下，只要阿喵大王稍有不順心，就會用貓爪侍候大家。

阿喵也時常會用不同的叫聲與我們互動，有時上揚、有時低沉、有時短促、有時拉著長長尾音，似乎在向我們傾訴什麼，但我們聽不懂也無法理解，每當這個時候，其實都會希望世上能有貓語翻譯機。所以有時候我會想，如果我是他，一定會覺得很寂寞吧。畢竟沒有同伴，也沒有人懂他在說什麼、想什麼。

## 神話？童話？

某天到朋友K的公司串門子聊天，我們總會分享彼此照顧毛孩子的過程與趣事，K說他們家杜賓狗Emma最近常在家搞破壞狀況層出不窮，脾氣也異常地暴躁，最誇張的一次是Emma跑進開放式廚房搞破壞，鍋碗瓢盆四處散落、滿地捲筒式廚房紙巾、玻璃櫥櫃也有些碎裂，而Emma全身上下也是傷痕累累。面對這樣的情況，K除了斥責之外也束手無策。於是K在無計可施的狀況下，開始讀有關寵物行為學的書籍與諮詢狗狗訓練師等等。

雖然K有考慮讓Emma去訓練中心接受訓練，但K最終仍放心不下，畢竟會有一段時間見不到Emma，K便透過朋友的介紹認識了一位寵物溝通師，K說：「對方只有先請我將Emma的照片提供給她，然後約好時間進行說明。」

到了約定的那天，溝通師跟K說：「Emma覺得她在家很無聊、很悶、活動空間太小了，她沒有可以盡情奔跑的地方！」

K回溝通師：「我們家的後院約有六十多坪，早上晚上都會帶她去跑，還不夠嗎？」

溝通師跟K說：「你覺得大，是你覺得，但Emma覺得不夠大啊！」當下K想想也是，他又不是Emma。

接著，溝通師跟K開始討論是否有什麼方式可以讓Emma享受盡情奔跑，最後，K透過溝通師跟Emma「約定」，只要他有時間且天氣也不錯，就會帶Emma去河濱公園奔跑。

經過那次溝通後，其實K也半信半疑，但還是照著當初跟Emma的約定去做，沒想到一個月過後，真的解決了K的困擾。雖然Emma有時還是會調皮搗蛋，但都在可容許的範圍，再也沒發生像之前那樣瘋狂的狀況。

當下，聽完K的分享，我不禁心想：「這真的太神奇了！」這是神話還是童話故事？怎麼可能看照片就可以溝通？而且還能讓主人與毛小孩達成協議。

K說：「坊間有些老師有在授課，教大家學習如何跟寵物溝通，有的是透過動物行為學，有的則是行為學加上訓練的課程，若妳有興趣也想當寵物溝通師，可以上網找找看是否有跟自己合得來的老師。」

跟K聊完後，我一直想著「寵物溝通」的事，加上每天不斷地被阿喵騷擾，於是拿起手機開始搜尋及看每位坊間授課老師的資訊。

初步篩選後鎖定了幾位老師，再經過幾個月的觀察，我便決定勇敢地去試試看。也許真的能像電影裡的杜立德那樣聽得見動物們的心聲，成為一位能幫助飼主多了解自己寵物的溝通師，於是便開啟了我的「寵物溝通師」學習之路。

## 初・體驗

其實除了課堂中的學習外，我平時也會參加共訓、練習靜心及直覺力，當時已經過了快一個月左右卻仍感覺自己不得要領，雖然如此，但我並不心急，因為相信透過一次次的練習，總會讓自己更熟悉進入潛意識的感覺，所以一直慢步調地練習著。

有次我跟許久不見的朋友M吃飯，他提到前陣子他們一家在家附近吃晚餐時，在路邊遇見一隻全身皮膚病的浪浪（後來取名：豆豆），一路跟著他們回到社區門口，趕也趕不走，於是他想，那就帶回家幫他治好皮膚病就好，結果——家裡就這樣莫名其妙養了一隻狗。

我們就一邊吃飯一邊聊著生活趣事，接著跟M聊起我開始學習「寵物溝通」與目前練習的狀況。

M興奮地說：「真的嗎？那妳就跟豆豆溝通看看當作練習，因為我想知道豆豆目前在我們家開不開心。」就這樣，豆豆就成為了我第一個練習的對象。

接下來的連續幾天，晚上大約十點左右，我就會進入房間以最放鬆的姿勢坐在地板上，看著豆豆的照片約二、三分鐘，將豆豆的影像記錄到腦海中，讓自己閉眼時也能自然地浮現豆豆的樣子，然後聽著輕音樂讓自己進入靜心的狀態，再慢慢進入潛意識狀態，開始試著跟豆豆連線。

說真的，剛開始不是很順利，因為總會在靜心的過程中不小心睡著，或是一直出現雜念，例如想到工作或生活上的事等等，只要出現這樣的情形時，就必須重新再靜心一次。

若是重新來過還是不順利，我便不會強迫自己再繼續，因為希望自己是很自然地去迎接所有訊息，若無法順利進行便表示自己狀況不好、不夠專注。雖然進行的不是很順利，但還是會盡可能持續靜心、試著跟豆豆連線。

直到某天晚上，突然開始有畫面出現，畫面是一片廣闊的草地，抬頭有茂密的樹木，陽光在枝葉間閃耀著，然後在低頭大約一公尺的距離看見豆豆，他的身邊人來人往，好像是某個公園草地場景，我就像剛認識的新朋友一般，向豆豆自我介紹，他便開始注意到我，因為他看起來似乎有點膽小怕人，於是我用更親切溫柔的口吻跟豆豆打招呼、慢慢地聊著天。

我：「豆豆，你喜歡小朋友嗎？」

豆豆用著興奮的表情看著我，回應說：「喜歡。」

我：「你在家裡過得開心嗎？」

豆豆：「開心。」但同時也看見他大多都待在家的無聊表情，還有被罵時尾巴低低的畫面。

我：「你平常最喜歡吃什麼呢？」

豆豆給我看他在啃著像磨牙的狗骨頭，啃得十分開心的畫面。

我：「你喜歡主人幫你洗澡嗎？」

豆豆直接回應不喜歡，轉頭看別的地方。

我：「豆豆你有什麼想法希望讓主人知道嗎？」

豆豆：「我喜歡去外面玩！希望能多去外面跟其他狗狗一起玩。」

我：「好的，我會幫你轉告，也謝謝你！豆豆，跟你聊天很愉快喔。」

溝通結束後，我非常開心，因為沒想到真的可以跟豆豆連線成功！雖然只是看到片段畫面，及意會式的傳達彼此想法，但卻是很棒的初體驗。

隔天一早，我就跟M說昨晚溝通的過程並與他核對細節。

M：「妳好強喔！豆豆因為有皮膚病所以超討厭洗澡的，家裡的小朋友都會跟他玩，所以他蠻喜歡小朋友的。也因為是住公寓，所以真的不太能有什麼地方讓他跑來跑去。」

我：「那我看到他被罵時尾巴低低的樣子是怎麼回事？是你罵他嗎？」

M：「應該是因為他剛到我家時很多不懂都要教，所以會罵他、教訓他，但那是豆豆小時候剛到我家的事了。」

我：「看來豆豆蠻會記恨的喔！那豆豆真的很愛啃狗骨頭嗎？」

M：「還好，家裡除了有狗骨頭之外，也有很多零食，吃的東西我們有時也會加蘋果跟肉給他，因為有皮膚病的問題，所以都給他吃蠻好的。」

我：「這樣聽起來大多都有符合，太棒了。」

M：「看來妳真的蠻認真，謝謝妳讓我知道豆豆在我們家是開心的，還有我們會盡可能帶豆豆外出跑跑、跟其他狗狗玩。」

我：「謝謝你相信我，畢竟有太多人一聽到寵物溝通就覺得是騙人的，就跟外面一堆自稱通靈的老師或算命師一樣，因為你給我練習機會，所以我們都對寵物溝通有不同的認識了。」

M：「所以之後如果豆豆不乖，我就知道要找誰啦！」

現實・非現實

經歷過與豆豆連線的初體驗後，對自己與寵物之間的溝通比較有了一點信心，但我也知道持續練習是更重要的。

過了幾天後，M傳訊息給我。

M：「我同事想問妳，她的狗狗也可以讓妳練習嗎？」

我：「好啊！但怎麼這麼突然？」

M：「因為我跟同事R小姐分享了前幾天妳跟我家豆豆溝通的事，所以她說希望能請妳幫忙跟她的狗狗聊一下。」

於是我跟R小姐便透過M而聯繫上。

我：「嗨！我是Ellen，謝謝妳願意給我練習的機會，方便請妳傳毛小孩的正面照給我嗎？還有希望溝通的問題。」

R馬上傳了兩張照片給我，一張照片中看起來是大約二十幾公斤的中型狗狗，他的名字叫皮太郎，還有一張是大約十公斤以下的小型狗狗，名字叫Q寶。

R說：「我想了解當初遇見皮太郎時，皮太郎為什麼會在那裡，是跟主人走散了還是被丟棄了呢？另外，Q寶我想了解的則是為什麼她最近脾氣不太好？身體有哪裡不舒服嗎？或者有什麼是我可以改善的呢？」

我：「好的，我這段期間都會跟皮太郎還有Q寶連線看看，也請回家時跟他們說一聲有位Ellen姐姐想認識他們、跟他們聊聊天喔。」

當時我心裡在想，我能順利進行溝通嗎？同一位飼主，不同的毛小孩，加上要詢問身體健康的問題，真的不確定自己是否能夠進行到此部分溝通，不過換個角度思考，對於一個還在練習階段的溝通師來說，是個蠻有挑戰的練習機會。

R：「沒問題，再麻煩妳了，謝謝妳。」

接下來幾天思考如何進行溝通時，就決定先跟Q寶進行連線，因為詢問健康問題對我而言是個蠻特別的經驗，所以可能需要多點時間練習，或是與Q寶多些互動。

我跟之前一樣聽著輕音樂，讓自己進入靜心的狀態，再慢慢進入潛意識狀態，開始試著跟Q寶連線。

其中幾天跟Q寶連線狀況不是很好，雖然有連線上，也用溫柔親切的方式跟Q寶自我介紹或打招呼，但Q寶態度都很冷漠也不太搭理人，眼神跟態度都是如此，對於聊的話題與提問，也完成沒有任何影像與回應，只好再向R詢問。

我：「您好，我是Ellen，這幾天我有跟Q寶連線，但狀況不是很好。請問妳有跟二位毛孩子說我想認識他們、跟他們聊天嗎？」接著我將看到與感受到的告訴R。

R：「有的，當天有說，不知道會不會是他們忘記了，我今天回家會再跟他們說一次。」

我：「好的，謝謝妳。我今天再跟Q寶連線看看。」

當天晚上連線，Q寶果然比較有回應。

我：「Q寶晚安，我是Ellen。」

Q寶坐臥在沙發上，眼神不屑、態度睥睨，依舊冷漠。

我：「哈囉，因為媽媽很擔心妳，所以請我跟妳聊聊，她想知道妳為何最近心情不太好？是不是身體哪裡不舒服？」

我看到影像中呈現出Q寶很憂鬱的坐臥著，悶悶不樂的樣子，但不知道是為什麼。

接著，我覺得自己呼吸不順、胸口悶悶的，於是我一邊稍稍調整自己坐姿，希望能讓自己呼吸舒服一點，一邊仍專注在Q寶所呈現的影像上。

我：「Q寶，媽媽想知道是不是有什麼是她可以改善的，讓妳心情好一點的呢？」

影像呈現出Q寶被抱在某人的懷裡，坐著車出遊。Q寶喜歡坐車出遊，這樣抱著的感覺很幸福也很開心。

但接著，我的右肩胛骨的位置越來越痛、越來越不舒服，加上呼吸開始不順，於是我就站起來，中斷連線。站起來後，我自然的轉動肩膀試著放鬆，直到右肩胛骨不再感覺疼痛，但對於為什麼會發生這樣的狀況，我感到很疑惑。

接著隔天晚上，我換與皮太郎連線。

我：「哈囉，皮太郎晚安，我是Ellen。」

影像中皮太郎非常熱情的一直想靠近我、想跟我玩，完全無法好好聊天講話。感覺是位精力旺盛的小男生，怎麼跟他講話他都沒在聽，只想要你陪他玩。

我：「皮太郎冷靜一下，媽媽請我跟你聊聊，你當初遇到媽媽時，你為什麼會在那裡呢？是跟主人走散了還是被丟棄了呢？」

皮太郎歪著頭一臉狐疑的看著我，似乎聽不懂我在問什麼，我再問一次也是一樣表情。

皮太郎回應我：「就是在那裡啊。」接著，影像就不見了。不知道是不是皮太郎覺得我都不跟他玩，感覺太無聊或聽不懂就離開了。

面對兩個個性完全不同的毛小孩及二種不同的狀況，我充滿著疑惑，只能等明天早上再跟R詢問與確認。

隔天一早便跟R說明了連線的情形，並將整理過後的想法告訴R，問R皮太郎會不會是不懂人類所謂的走失與丟棄是什麼意思。而且以他的個性，平時應該也不太會記得事情，也不太會看人臉色，玩心很重。

我也向R傳達了Q寶的狀況：「Q寶心情不好的原因可能跟身體不舒服有關，加上家裡還有一隻愛玩的狗不知道會不會常常惹怒她。至於身體健康狀況，應該是呼吸道及骨頭的問題，可能是腳或背，因為連線時我的右肩胛骨會越來越痛，會不會Q寶也是越來越不舒服但又無能為力呢？還有Q寶很喜歡被抱在懷裡的感覺，也很喜歡坐車跟著你們出遊，是不是現在很少這樣了？」

R：「沒錯，皮太郎愛玩到在外面跟別的狗狗玩，玩到最後別的狗狗都不理他了，他還一直找人家玩。在家也是，會壓在小小一隻的Q寶身上，把她當馬鞍跳。而Q寶的健康問題確實是呼吸道及腳，腳的部份是她右腳有骨刺壓迫到神經，所以她不太能踩地走路，一踩地就會痛，大概是因為這樣，她很喜歡被抱著，也因為她這樣，所以我們都把她服侍的好好的。以前自己的家跟娘家是在不同地方，假日都會開車回娘家，現在跟娘家就住樓上樓下，所以假日就很少開車出門了，加上這段時間天氣都不是很好，所以也不常帶她出去。謝謝妳跟我說，之後我們會盡可能開車帶Q寶出去。」

我：「其實我很怕身體健康部份的資訊不正確，如果不正確會導致主人照顧上的錯誤，反而對毛孩子跟主人都是不好的。」

R：「不用擔心，每位飼主若真的愛他的毛孩子，還是會去檢查找出原因。妳真的很棒，要繼續加油喔！」

我：「謝謝你的鼓勵。我會加油的！」

這次的練習真的很特別，因為我的身體在連線的過程中，居然會接收與感受到動物的身體狀況而有所反應。

想想，對於能這樣感受與看見像電影般片段畫面這件事，有種現實又非現實的感受，事後思考這些畫面與溝通的細節，唯有透過與主人的核對才能證實，這些到底是寵物所傳遞的訊息，還是自己潛意識所呈現的畫面。

所以靜心功課很重要，要夠清靜，才能迎接與傳遞較正確的訊息，如此一來，寵物溝通師也才能進行有品質的溝通。

## 心念、信念

宇宙萬物間你我是如此渺小，有幸能與如此獨特珍貴的你們相遇，透過溝通傳遞彼此的心念與想法給彼此，讓我們都有更進一步的了解，也帶來如此深刻的體驗。讓動物與飼主彼此都能更珍愛對方，是多麼美好的一件事。

未來之路還很漫長，願以此美好信念與我一路相伴，謝謝你！

# 宇宙的一個凡人

## 張米釦

張馨鎂（張米釦），來自宜蘭三星。喜愛大自然。已進行超過六十個寵物溝通。

與動物產生聯繫，應該從我每天騎機車回家的路上開始的。那是一斷田間小路，白鷺鷥成群聚集在綠油油的稻田中穿梭，我常常停下來望著他們——這一刻真的很寧靜很享受很放鬆。

後來，出了社會的我每天忙於工作，漸漸遺忘了這份和平寧靜的美好。

直到多年後，我遇上第一隻寵物愛犬（法鬥）——鎂醬，目前己進入九歲老犬的階段——我很感謝他的到來，並感謝他走進我的生命，讓我重拾單純的美好，學習擁有與所得，真心無悔，簡單快樂。

## 什麼動機讓我想了解寵物溝通呢？

有了自己的寵物之後，隨著時間，大部分人多少都帶著愛和好奇心，想要在寵物的每個不同過程中，試著了解寵物在想什麼，或是動作、聲音想表達些什麼。

鎂醬是一隻法鬥，一般法鬥的壽命有限，就在他八歲那一年，我突然擔心如果有一天當他終老時，是否有話想跟我說，或是我有沒有錯過了什麼？

所以，我找到了「澄識心坊——寵物溝通課程」。本來只是在網路上找的課程，卻意外體會生命中的重要，並感謝在茫茫人海中讓我有這個機會與榮幸和渤程老師及孟孟老師相遇。

## 後補的寵物課程

我決定參加這個寵物溝通課程前，在家族的群組上傳訊息，問家人和友人們的意見；我們姐妹和母親的感情一直很好，大小事都會互相討論。

我當時其實已經算半報名的狀態，是候補的順位。二個月後，突然接到了一通電話，說：「您好，我是澄識心坊的孟孟，您有報名三月的寵物溝通課程，因有學員有事無法參加，您是第一順位候補，先通知並請問您是否可以來參加課程？」我停了約三秒時間，說：「等等！給我一點時間我考慮一下，好嗎？」孟孟老師回答：「好的。因為後面還有一位後補，再麻煩您晚上六點半前一定要給予我們回覆，以利我們有時間通知下個學員來參加。」我說：「好，那我知道了。謝謝您！」然後，我就截了很多資料上傳到我的家族LINE群組上，他們多是沒有意見或反對。

但其中一項相關訊息，我不小心傳到了另一個友人社群的群組，猶記當時誤傳Line的文字內容是這樣的：「我想去參加寵物溝通課程，不知道媽媽和姊姊們覺得呢？不過費用不便宜哦！」

結果，柯大哥（我特別感謝他）回傳：「這是很新穎的課程，也許對妳的未來能開創不同的天地。」這時我才發現我傳錯了，連忙道歉。然而，這「意外傳錯後的回覆」更增加了我內心想去探究、嘗試的意念，於是我回電給孟孟老師說要參加這課程。

當然，也因為這樣，現在才有機會和大家一起在這裡聚集。回想當初，還是好開心、好興奮、好悸動，就好像夢一樣，而且是嘴角會上揚的美夢。

## 開始學習寵物課程

第一天上課，我就抱著排除萬難的心情。當天拉下鐵門後就從宜蘭搭出到台北再轉捷運，結果迷路了，趕緊攔了計程車趕去上課，而下課後，幸好有同期學員帶我走回捷運站。

這二天的課程內容，是老師們採用引導和專業知識，讓大家理解寵物溝通是怎麼一回事。我對此不懂也不太了解，覺得很新鮮、很特別。

全程都是很輕鬆的方式，或坐或躺，或吃東西來感受味覺。最重要的是靜下心，傾聽來自四面八方的聲音。

第二天下午開始練習想著一個「毛孩」，坦白說那個練習我的感受幾乎是零，沒有任何的來自視覺聽覺味覺等等的感受，我就這麼回家了，而課程也很完美的結束。

神奇的是這只是開始！坦白說我是個好奇心很重也不太輕言放棄的人，心想都去上了課，就算沒有資質也沒有關係，老師說也許有一天就有了也不一定。

於是，我抱著「有就有，沒有就沒有」的心情開始進入靜心練習。我很享受靜心，彷彿所有外在的一切都跟我無關，但又好似跟我有關，不在眼前卻又在身邊。

後來找了好姐妹的寵物來當我的練習對象，但很逗趣的，剛開始的前二星期，我就是安穩的聽著音樂，慢慢的、慢慢的、慢慢的睡了……醒來時，只有滿足和驚嚇，天啊，我又滿足得睡著了！

終於在某一天的午後練習，我突然感到有一點點黑白畫面閃過，緊接著是一種自我對話的聲音。我趕緊拿起筆紙，在僅有的時間內紀錄下我迎接而來的感受，深怕忘了什麼；這對我來說是莫大的鼓勵和開始的一小步！

就這樣，我陸續迎接並期待所有到來的動物跟我「說說話」。

## 初心：創立寵物溝通練習社團

隨著不斷的練習，我終於有點小小進展，而且創立了「寵物溝通練習社團」陸續有毛主人發現了我，私訊並願意提供給我練習。

我從一位毛孩進行到目前六十三位個案，其中第三十位——奇奇——為我帶來驚奇又愉悅的溝通。奇奇是一隻跟很多毛孩共同生活的烏龜，奇奇的主人是我之前練習的毛孩主人的朋友，他們是很好的室友，總共有六隻寵物（二隻狗、三隻貓、加上奇奇）。雖然奇奇不是我熟悉的毛孩，但我仍抱著初心和奇奇（當然包含所有動物）展開第一次溝通體驗。

## 分享奇奇和主人溝通的過程與感受

我跟奇奇的主人是用電話確認溝通完成的內容，以下分享給大家：

主人：「你很喜歡在姊姊房間的櫃子下面？」（可以只進來睡覺就好嗎？不

要大便或尿尿啦！）

奇奇：「對阿！我喜歡在姊姊的櫃子下走來走去。」

我在視覺上感到奇奇躲進櫃子裡走來走去的情景，或趴或睡或走，而且睡一睡就大便了、也尿了，但不是故意的。

我試著同理心溝通：「奇奇如果尿尿和大便在櫃子下，姊姊很難去清也很難發現哦！」

奇奇：「我儘量。」（語氣上，感覺奇奇是願意去改變這個習慣的）

我又繼續溝通：「為什麼喜歡在櫃子下？因為喜歡暗暗的嗎？」

奇奇：「還好耶，只是有時候很喜歡。躲在櫃子下，我可以在下面走來走去，頭伸來伸去，自由活動，四肢伸展，非常安全，完全不用擔心被踩到，這裡是我的小小天地。」

主人：「奇奇有沒有想過自己去戶外生活呢？想去公園綠地散步嗎？」

奇奇很堅決的回應：「沒有！我沒有想過要出去戶外生活，但會想要去公園綠地散步，在草地上走走踏踏跑跑，而且是有水池或有大水溝的公園哦！」

主人覺得幸好奇奇不想去戶外生活，並說：「對耶！我們家附近有一個小公園，很久之前有帶奇奇去草地上散步，原來他喜歡啊！那我知道了。」

主人繼續問：「奇奇喜歡吃什麼？不喜歡吃青菜嗎？」

奇奇：「我最喜歡吃碎肉，小小塊的那種。現在青菜有點苦苦的，不好吃！我不太喜歡。我還是最喜歡吃肉。」

我試著同理心溝通：「主人希望奇奇能多吃青菜和飼料，不能只吃肉哦！對身體不健康！」

奇奇：「之前的飼料比較好吃，是圓型的。還有，之前種的海藻比較好吃。」

我似乎看見大葉子的形狀，就是奇奇說比較喜歡吃那種樣子的青菜。

主人回應：「原來是這樣啊！以前奇奇小時候的缸有種一株海藻，綠色大片的那種，都被奇奇吃光光。」

主人換個話題問：「為什麼小時候在學校裡？還記得嗎？」

奇奇：「不太記得，只記得在水溝一直爬、一直爬，爬到草地上。」

（奇奇是主人在學校的草地上發現，並帶回家飼養。）

主人：「背上的凹痕會不舒服嗎？奇奇知道為什麼會這樣嗎？」

奇奇：「有一點點不舒服，很小的時候一直在草地爬，好像被踩到了。」

（主人回應在草地上發現奇奇時，就已有凹痕在背上了。）

主人：「想要大水盆游泳嗎？想要用什麼當窩？為什麼不愛洗澡？」

奇奇：「我想要再大一點的水桶或水盆，我長大了。我的窩裡，想要有小沙石在下面鋪著，缸可以再大一點嗎？還有，可以幫我種小時候的海藻。我喜歡那個海澡哦！對洗澡……我覺得還好，其實我不是很愛洗澡。」

我在視覺上感受到的是有個圓盆，奇奇在裡面，顯得十分擁擠。

主人回答：「奇奇其實是陸龜，現在缸真的有點小，我會幫他換大缸的。」

我們都會心一笑。

主人接著問：「怎麼學會開紗門的？怎麼學會的？」

我試著用另一種引導方式，問奇奇：「媽媽說你會開紗門，真的嗎？」

奇奇：「對啊！我會啊！而且我很會開紗門哦！」

我又問：「你怎麼學會的呢？」

奇奇：「我很厲害哦！我跟你說，我用腳撥紗門，用龜殼推，等到有一點縫隙時，我的的頭就伸出卡在縫隙間。我用給你看哦！」

這個視覺很強烈的呈現在腦子裡，動作十分快速，推開紗門後，看見奇奇超快地衝向客廳，我不禁大笑，覺得好敏捷的烏龜啊！

主人回應：「對！奇奇一進門就狂奔，跑超快的，真的很快！我也在想，沒看過烏龜動作那麼快的。」我跟主人同時哈哈大笑！

再回到溝通上，主人問：「有什麼話想跟姊姊說呢？」

奇奇說：「我喜歡姊姊，謝謝姊姊把我帶回來，謝謝妳！我要大澡盆或是大水盆，我很喜歡游泳或浮在水面上。最重要的，我喜歡吃碎肉。」

主人：「實在是又感動又好笑！」

主人跟我說目前的缸沒有水，因為奇奇長大了，而且是是陸龜，但他會爬去貓朋友喝水的地方玩水。

主人在溝通最後說：「姊姊希望奇奇好好保重身體，要健康開心的生活哦！」

奇奇：「好的，我會的。」

我在每一次的溝通締結，都會給予深深的祝福，「謝謝奇奇，很高興可以遇見你，祝福奇奇永遠平安健康開心每一天。」

奇奇：「謝謝米釦。」

## 跟奇奇溝通一個月後

一個月後的一天下午，突然收到LINE傳來的照片，哇！哇！哇！是奇奇吔！很開心的看下去，奇奇在草地散步，一樣衝很快，我笑了！而且奇奇也有大澡盆了，相片中的他，四肢放鬆，浮在大缸裡，很滿足。我跟主人說：「他很開心吧！四肢都展開來，還有頭也放心的伸出來。」主人說：「對啊！對啊！他很享受！所以我快點拍照下來傳給妳看。」

特別謝謝奇奇主人願意主動和我分享，也很開心主人在溝通後，願意和寶貝互動，並互相達到生活中的美好與共識。

真的很難用文字來表達我內心的喜悅，再次感謝奇奇、奇奇主人及室友們，默默一直在社團裡為我加油打氣、支持著我，我才有機會進行到六十幾位寵物的溝通！除了萬分感謝感恩外，祝福大家都能平安喜樂每一天。

奇奇是我的「烏龜溝通始祖」，現在回想起他突破紗門和快速衝刺的那一幕，嘴角仍會不自覺得上揚呢！感謝奇奇！

## 寵物溝通帶來的改變與收穫

參與了寵物溝通課程後，我慢慢找到內心的一些改變，在此整理一些心得：

．靜心：真正的靜下來聽見自己內心的聲音，也許只是呼吸聲，卻擁有著無比的安寧，會感受到一種很平靜的意境。

．傾聽：學習由內而外聽見所有的聲音，也許是自己，也許是人，也許是風，也許是任何來自四面八方的聲音，最重要的是能發現自己內心的聲音。

．學會慢：學會慢一點，再慢一點，什麼都慢一點，不疾不徐，不搶快、不急躁，對任何思想行動，能慢下來就慢下來，再回到靜心，傾聽自己內心真正的想法。

．感恩：珍惜當下的每一刻。

．學習：積極的活在當下。

．臣服：懂得不完美也是一種完美。

．接受：接受所有感觀迎面而來的感受。

．相信自己：也許一開始不會那麼精準，也許會有美麗的錯誤，但最重要的，要先學會相信自己。

．忘記得失：不那麼強求畫面，或是聲音，或是嗅覺，我其實是很少有畫面的溝通，大部分我的溝通都像是一問一答，或自問自答的心靈交流，但都是很美好的開始，所以我也不特別強求我的視覺。也許有那麼一天就會看見什麼了吧！

最後，很想跟大家分享，寵物溝通課程真的是很棒的一個課程，不單單只是寵物溝通的層面，在這個學習當中，可以獲得對生活和生存的體悟。

每當主人跟我道謝時，我也謝謝他們，是他們讓我有機會學習，也是寵物的純真和善良療癒著我。目前我還是很緩慢地在練習著，相信你也可以。

有一本書叫《最後一次相遇，我們只談喜悅》，我相信不管最後一次或第一次，我們都談著喜悅、喜樂，以及祝福、感恩的心——因為有你——也許是人、也許是萬物、也許是寵物，再次謝謝大家。

# 解除誤會的故事

JC

我叫JC，是一個熱愛大自然和動物，愛好跑跳的對世界充滿好奇心的女生。相信每個人背後都有自己的故事，和一顆渴望被理解的心。對情感覺察敏銳，有一顆助人的心，認為在療癒別人的當下也是在療癒自己。

會走上寵物溝通師這個行業，是因為無意中接觸有關寵物溝通的課程。由於家中也有飼養寵物；他是一隻讓人又愛又恨的小狗，為了可以更了解他的內心便去參加課程。參加完之後，找很多不同朋友的寵物來練習，並在練習好一段日子後，我受到身邊很多朋友鼓勵，而且他們也介紹其他朋友來找我做寵物溝通，才在因緣際會下，開設了粉絲專頁，幫助大家更了解自己的毛小孩，也收到很多回饋。這種幫助別人的成功感是無法言語說明，並更確定自己做這工作的決心。

粉絲專頁：JC寵物溝通

# 關於我與寵物溝通

我之所以會進入寵物溝通師這個行業，是因為無意中看到有關寵物溝通的課程，由於家中也有養寵物——一隻讓人又愛又恨的小狗，抱著想要更了解他的想法、舉動的心態，便報名參加了這個課程。

在參加完之後，我找了很多不同朋友的寵物來溝通練習，於是在後來，很多朋友都鼓勵我，也介紹他們的朋友來找我做寵物溝通。之後才在因緣際會下，開設了粉絲專頁，希望幫助大家了解關於寵物的東西。

在這期間我收到了很多反饋，發現這種幫助別人的成就感，是無法用言語去說明的，便更堅定了自己做這份工作的決心。

在接到的眾多溝通案例中，不乏抱著要改變寵物行為的心態來預約的飼主，其實我通常都會預先提醒和告知他們：溝通不一定可以改變寵物的行為，而是可以了解他們行為背後的原因，或是否有什麼事情想告知，其次也並非在溝通後就可以立刻看到改善的效果。

以下分享的個案，是在眾多個案中讓我印象深刻、至今仍歷歷在目的案例。

喵皇駕到

這次的案例，我在溝通前便從與飼主的聯絡中，隱約感受到他的急切，因為他不停地把時間調整到可以配合我的時間，同時也因為這種隔著屏幕都能感受到的憂心，促使我把O仔的個案排早一點。而在溝通前我也從飼主那邊獲得了一些有關O仔的資訊，大概了解為何訊息的能量如此沉重。

飼主表達了一些有關的訴求與想法：「O仔這陣子好像壓力很大，我怕他是不是有憂鬱症，而且他一直咬東西，希望可以多了解他的想法並且盡可能改善。」

在收到這個訊息後，我告知他有關改變寵物行為的事不太可能在一時三刻內發生，可能要多給彼此一些時間。在日期等其他事宜都確定好後，我收到了O仔的照片，記得當下第一個印象就是：「天啊！這隻貓咪也太瘦了吧！是怎麼了嗎？」

O仔是一隻橘白色，有著兩顆圓圓的大眼睛的貓咪，在昏暗的背景下，顯得格外精靈，但眼神卻透露著一絲絲哀傷的感覺。在確定照片都可以使用後，也沒有再特別思考有關O仔的事，免得被第一印象和想法影響，而對個案先下定論。

這一點是很重要的。

這次的溝通是以文字訊息來和飼主確定訊息，因此在描寫上會用比較多形容詞使對方更容易進入情境。

## 喵皇和喵奴的故事——喵皇心意難測

到了溝通當天，按照以往的習慣，我做了幾個深呼吸放鬆自己的情緒，進入自己最清醒的狀態與O仔溝通。當對話連接上的當下，還來不及開口和O仔打招呼，就看到一個陰暗處的影子手不停地往下抓，而且速度飛快，在經過一聲喝止下，影子就消失了。

我問了O仔一些訊息：「你平常都會抓東西嗎？然後會因為這樣被罵嗎？」

O仔用委屈的眼神說著，比了一下他會捉的東西，像是袋子，垃圾筒之類的，同時也告訴我，每次被罵完都覺得很難過。

「可以請主人不要罵他嗎？」我接著和飼主確認訊息並傳達。

飼主說：「他有時候會有捉東西這個動作，我們就會對他大聲的叫和罵，那是因為他不乖、都亂咬東西才會罵他。我們也不想一直罵他，只是他一直咬東西。」

「可以幫我了解一下為什麼他要一直咬東西嗎？」

在飼主講完的當下，O仔就馬上傳了一個畫面給我，他輕快、愉悦地在觀察著那些在眼中很大的物件。放在地上的袋子裡裝著滿滿的東西，那裡有大袋子、小袋子，而O仔就以好奇的心態咬著其中一袋，在袋子中有著他能吃的、不能吃的、香的、沒有味道的東西，而我也突然很明顯地感覺到快樂。

隨後O仔獻寶般地把不同的東西呈現給我，有些是他吃了，有些他不能吃的，他表達著：「這些東西有硬的，有軟的，而且每個東西吃起來都不一樣呢，好特別啊，我還吃到好吃的呢。」

O仔天真地說著，而且還把一些東西推到我身邊，我不經意地摸摸他，和他一起享受著他的戰利品。

我把這些過程告訴飼主，讓他了解O仔並不是故意的，只是他覺得在每一次咬東西的過程中都會發現不一樣的口感，這是他很享受的事情。

飼主說著：「他會一直被罵，就是因為咬東西和抓東西，而且東西其實是我們的貨，沒地方放所以才要放在地上，可以請他不要咬嗎？」

O仔在第一個訊息後就有主動呈現在被罵後，覺得很委屈和難過的狀態，問說能不能不罵他，我也幫他傳達了不希望被罵的願望。飼主說：「那他不咬就不會被罵啦，還是如果他再犯錯的話，希望我們怎麼懲罰他嗎？」

此時O仔一臉困惑地問著那有什麼可以咬的嗎？看來O仔是享受著找到不同口感冒險旅程，他呈現了一個吃飯的盤子只裝一點點的感覺，而且是他覺得不夠的。我便和飼主說了O仔的訴求。

飼主也哭笑不得地說著：「他是因為很餓所以一直咬東西嗎？可以請他下次餓時來找我，我會給他吃的——那意思是如果他不乖可以把份量減半嗎？我一直以為他很在乎他的飯量呢！」

「O仔的確很在乎他的飯量，但他也不想被罵，不喜歡被你們兇，所以無計可施的情況下，你們可以試著用這個方法。」我幫O仔表達著他的想法。

## 喵皇內心的吶喊

然後飼主說想了解更多O仔的想法。當問到他有沒有特別不喜歡的事情和人物的時候，O仔飛快地給我三個影像：

味可口的感覺。O仔眼睛瞪得超大地抱怨著這些事。

不爽的樣子。

一、他在專心地吃東西，輕輕聽到一些咀嚼的聲音，也看得出那些飼料是美味可口的感覺。突然有人在他身邊叫他、拍拍他，他就突然轉頭停了一下，一臉不爽的樣子。O仔眼睛瞪得超大地抱怨著這些事。

二、他在自己發呆，走來走去，到一些袋子前尋寶，就在這個時候有人搓著他的背，看起來是想和他玩，但O仔有點煩嫌地表示他當下並不想要被摸，他在自己玩的時候不要搓他的背。

三、他自己呈現著一個自由自在的狀態走來走去，然後就有人為了引起O仔的注意，在經過的時候拉了一下他的尾巴。

於是，我幫O仔大概總結了一下他比較不喜歡的東西：第一個是「在他吃東西以及自己玩的時候不要打擾他」，二是「不要拉他尾巴」。

在轉達完他的情況後，飼主也表示會多注意一下。

## 請對本喵皇溫柔點——我也有顆寂寞的心

O仔呈現了另一個畫面給我，那是飼主看起來蠻落寞的背影，後來慢慢轉到前方看到飼主都會抱其他貓咪、輕輕地和他們說話，也會親親他們，看得出他們的關係是很親密的。

但對於O仔而言，他會覺得自己和飼主是很有距離的，也只能看著，並且覺得飼主和他說話都比較兇。

接著我向飼主說明O仔說的情況，和確認家中是否有其他貓咪。

「你好像都對其他貓咪比較溫柔和有耐性，可是對他卻沒那麼溫柔，和他有一種距離呢。」我把O仔呈現的畫面告訴飼主。

飼主接著說：「我以為他不喜歡抱抱親親，而我要抱他的時候他都會走開，所以才想說他可能不太想讓我抱。」

然後O仔調皮地呈現了，飼主要抱他的時候，他刻意走開，然後再轉頭偷看一下飼主，其實飼主都沒有追過去，當下的O仔就默默地窩著，有點失落的感覺。

我問O仔：「你是想飼主主動抱你，然後追你，和你玩嗎？」O仔活潑地點頭，帶一點跳動的腳步。

向飼主表達其實O仔也是很想要被抱，只是在抱之前追他一下，和他有個互動的感覺會更好。

接著有一陣突如其來的驚慌感，我的手心在冒汗、心臟猛烈地跳動著，那個當下我都怕我自己要暈過去了。但我慢慢去感受那種感覺，清楚知道那並不是屬於我的。

我試著問O仔，是不是有一些話想告訴我。

接下來我看到一個很暗的景象：隱約看到一隻手往地下捉起了一些東西，再仔細一看，是O仔！

我感受到很大的力道，伴隨著大聲地吼叫，並看到另一隻手就在教訓O仔。在看到這一幕的時候，我知道O仔是無助且害怕的。

我首先問飼主是否有過這樣的行為，飼主也表示是另一個飼主會這樣對他，而原因是因為他不乖。

「請你們盡量不要用這樣的方式對他，他是真的很害怕，而且那力道非常大，他是蠻痛的，希望你們可以試著用講的，或是他之前提出的方法來解決。」我擔心並難過地說著。

飼主也回應我說：「我會試著用他說的方法，還請妳幫我和O仔說，我沒有不愛他、不溫柔，我對大家的愛都是一樣的。」

幫飼主傳遞完這個訊息後，再問問O仔有沒有什麼想要幫忙轉達的。

他給了我一個很溫馨的畫面，即是乖乖地坐著，用他又圓又大可愛的雙眼看著主人，接著他就被抱起來了。

我把O仔的期待轉達給飼主，他也答應用新的方法和O仔相處看看。

在最後確認雙方都沒有什麼話要說後，這次溝通便告一段落。

在結束時，我有再和O仔說明一下，請他盡量不要去咬東西、搶飯，才可以感受到被溫柔對待的這件事，當然我也有幫O仔轉達他想要被溫柔對待的願望。

大概過了幾天，我收到了飼主的訊息：

「他今天本來要偷咬東西，我跟他好好說之後，他竟然都沒咬了，連我不在的時候他也沒去咬，真的太、神、奇、了！溝通時和溝通完之後，他給我的反應讓我覺得很神奇，好像我是真的不瞭解他，總是用自己的想法去揣測他的想法。溝通過後他好像真的有聽進去，亂咬東西的壞習慣今天也都沒出現。原本以為他不喜歡讓我抱，但溝通師告訴我他其實也想我抱抱他，結果今天抱他的時候竟然沒有躲也沒有掙扎。評論會打出來是想給其他想溝通的飼主作參考，其實平常一起相處看到的、感覺到的，不一定都是毛小孩真正認為的，跟自己平常觀察到的有不同，才會覺得溝通師的準確。」

收到訊息的我，當下真的感到萬分高興。

其實溝通師與飼主的關係，和買賣東西的概念不太一樣，並不是貨物出門，恕不退換的概念，這種關係其實很微妙。在溝通完後，如果有什麼特別的狀況，或是飼主有想回饋、需要幫忙的話，都會直接聯繫。

在得到飼主的反饋後，印象最深的便是他對我說：「原來是我不了解他，我給的都不是他想要的。」

聽到這裡，讓我不禁陷入沉思，也是從開始做寵物溝通後才學會反省自已的時刻。

說真的，和寵物溝通固然重要，但和人的溝通卻更加重要，在和寵物溝通完，最重要的是，如何準確且不讓飼主受傷地去讓他知道寵物的心事，還有改進的方法。

記得在這件事情的處理上，我也花了一段時間才學會呢。

所以飼主的那句話深深地烙印在我的腦海中，其實很多時候人與人相處又何嘗不是這樣呢？

## 得到的反思：關於給予

很多時候我們都會覺得自己給的一定是最好的，在我的印象中，家長常常都會對小孩說：「我這樣子做都是為你好，你懂不懂？」

但其實大部份時候，他們都不太懂，包括當年的自己，基本上都不知道為什麼要去接受人家給的東西，而且在接受這個東西的時候，自己的感受常常是不舒服的。

不管是給予還是接受，我想大家曾經都扮演過這樣的角色，雖然當下的出發點都是為對方好，但卻沒有想過那是否是對方想要的，就強迫對方接受。當對方拒絕，還覺得為什麼那麼不領情。但又是否有想過，其實那不是他們想要的，而只是我們想給的而已呢？

有時候很努力地對他們好，卻得不到預期的效果，只是因為從一開始方法就錯了而已。大家不在同一個頻率上，怎麼可能會獲得相同的期望或是理想的效果呢？

其實寵物們也會有許多想法，不要膚淺地用我們人類的眼光去評判這些小精靈們，這樣會忽略很多有趣的事情。用心對他們，他們也會用心感受到。只能說，每隻寵物都有自己的個性和想法，他們也是需要被尊重的，不要只用自己的想法去限制他們的天馬行空。

## 關於生活

記得在上課的時候，老師有説過，做寵物溝通的人除了要和寵物溝通外，更重要的是要學習如何和飼主做溝通，因為如果我們的表達能力不足，那會錯誤地傳達訊息，在溝通時除了要準確地表達訊息之外，還要注意要懂得照顧飼主的感受。

在經過了與上百隻的寵物進行溝通、也跟不同的飼主聯絡的過程後，我發現，有很多飼主會主動説明自己的一些心思，例如因為養寵物而和家人產生了一些誤解等等。

也許飼主當下會和我傾訴的原因，可能是想要獲得一些比較客觀的解決方法，但他們自己可能也沒有留意到，大部分的人需要的只是陪伴和傾聽的空間與時間。

所以每次碰到這些問題，雖然我不一定可以立刻給出一個有效的解決方法，但我會盡力扮演一個樹洞的角色，讓他們把想講的話講完，這通常都得到了不錯的效果。

主人和寵物之間互動，基本上在經過一段時間後，雙方都會有所改變。也許是因為在溝通過後，飼主在更了解寵物想法的同時，寵物也會知道飼主所想的事情、期望的是什麼，在相處中慢慢達到雙方的平衡。尤其是在了解完一些原因和理由後，往往會有更大的同理心，可以諒解對方的行為和動機。

在接觸無數個類似的個案後，又讓我開始思考另一件事情：對於寵物，大部分飼主都愛護有加，會擔心他們有沒有吃飽喝足、怕不怕冷、喜好為何，還有什麼覺得家人做得不夠好而需要改善的、有沒有什麼特別想去的地方、有沒有什麼話想要和我們說……

然後大多數的飼主在結束的時候都會強調說：「記得幫我和毛小孩說，爸爸、媽媽真的好愛好愛他喔……」

## 關於人與人的溝通

我們會因為沒辦法讓寵物感受到愛，或是他們做了一些不能夠被理解的行為，又或是糾結於他們一直重覆犯錯的原因等等，所以會特別尋求寵物溝通師的幫助，去讓寵物了解自己的想法同時，也了解寵物的心思，讓雙方關係變得更好，或是意圖解決一些事情。

對於不能用言語溝通的寵物，我們會用這樣的方法。

那面對可以用言語溝通的呢？好像往往會被我們所忽略——好比說對待家人、朋友或是愛人。我們了解他們的程度，可能有時候並沒有了解自家寵物那麼多，這是值得我們去思考的。

在發現寵物有問題，或是行為我們無法了解時，我們會想方法去解決，但在面對家人的時候呢？家人不理解我們的行為，或我們不接受他們的看法時，大部分人都不會用溝通解決，而是生氣、吵架。而這些情況一遍又一遍地發生。

我們所做的也不是要解決問題，而是把問題放著，當問題的積累越來越多的時候，一切就會爆發，可能就一發不可收拾了。

人與人之間的溝通，基本上都是用直白的話語，並不需要所謂的翻譯，但往往我們在碰到問題的時候，除了逃避之外，就是置之不理，隨後不了了之。

在面對寵物讓我們不了解的行為時，我們會很緊張地尋求協助，但在處理人際關係時，大部分的人都不會面對面地表達自己的問題或是詢問對方的感受，可能要透過第三者的力量來促使自己和對方和好。這種情況不是很矛盾嗎？

對於寵物我們會主動關心、意圖了解他們所需要的，但往往對親近的人，卻缺少了耐心和禮貌的問候及關心。這是我做寵物溝通師以來，最深刻的反思：對於不能溝通的，我們會歇斯底里地希望解決問題，但面對我們可以溝通的人，常常無動於衷甚至忽視問題。

不要把親近的人對我們的愛都視為理所當然、不要吝嗇表達愛意、不要把所有情感都悶在心裡，不然很多心思就只能變成歷史了。

人最無能為力的事情就是後悔，最重要的是「愛的及時」，要銘記活在當下，把握跟家人和寵物在一起的時光，不要讓失去教會我們珍惜。

表達心意不需要在特定的日子才做，只要你想，天天都可以是父親節、母親節或者是情人節。

不要等到有空才去愛、珍惜身邊的人，因為世事無絕對，沒有人知道下一秒會發生什麼，計劃總趕不上變化，最重要的還是「把握當下，珍惜眼前的人與事」。

毛孩與我的日常

黃懷漢

美國NLPU認證NLP國際專業執行師、企業專任講師、業餘馬拉松跑者、四十年動物相處經驗、2017.06取得動物溝通師認證。

## 我與毛孩的不解之緣

從牙牙學語到有印象以來，家中一直都有狗狗。不管是聰明好教的米克斯、忠心護主的杜賓犬、優雅的瑪爾濟斯，到現在家人成為導盲犬寄養家庭所養的大拉拉，我和許多不同的汪星人都相處過。

也因此，從小就常和毛家人狗言狗語，也不管他們聽不聽得懂，兒時還因為調皮，硬要抱家裡養的小型杜賓犬，導致我這輩子唯一被咬而且流血的一次——更丟臉的還是自家的狗狗，但這一點都不影響我對汪星人的喜愛，依舊和他們玩在一起，也慢慢地會觀察汪星人行為，去了解背後所想表達的意思，用土法煉鋼來學習「動物行為學」。

其實透過「觀察行為」來了解動物，是身為一個毛孩家人不錯的方法，而且只要用心和毛孩互動，要做到解讀動物行為的意義，大多狀況下其實並不難。但這樣的方式也只是單向的，並沒有「直接」的互動、沒有一個你來我往的溝通過程。

主人無法同樣的透過行為讓毛孩了解自己的想法，只能透過語氣，例如音量、音調、語速……和肢體動作等，讓毛孩感受主人的情緒，或是用習慣來培養出一些默契。

這些對於愛毛孩的主人來說，大有隔靴搔癢之憾，但好像也只能繼續對著毛孩雞同鴨講，然後出現滿臉問號表情的狗仔，或是伸伸懶腰走開不理你的喵皇。

而一開始，我有提到自己從小到大都是和汪星人一起長大，不過在幾年前也收養了一隻朋友救回家的喵星人。當時朋友家裡已經養了幾隻貓，發現這隻貓時，透過經驗判斷這隻貓出生沒幾天，但朋友仔細觀察了那附近許久，都沒發現貓媽媽回來，若再不救她可能會餓死，因此小貓在朋友的細心照料下過了兩個月。

剛好在有次聊天時，那位朋友得知我和女友想養貓，於是因為這個奇妙的緣分，這個喵星人輾轉來到了我家——她是一隻黑到發亮的小辣妹，我們把她取名叫Happy。

但問題來了！我這輩子從來沒養過貓，因此除了事前詢問養過貓的朋友，也上網查詢了相關的養貓知識，並且在迎她回家前做足了準備工作。

而Happy也很給面子，到新家後沒多久就願意出籠子，也願意讓我們摸。不過，喵星人和汪星人的個性、行為模式截然不同，如何與Happy建立更好的關係，對我來說是個新的挑戰。

# 假裝自己是毛孩的狂想

因為對動物的熱愛及好奇心的驅使，我不斷的想要與毛孩們更親近、更了解他們在想些什麼，或是他們是否了解主人的意思，所以我常常在和毛孩相處時，不斷的和他們自言自語，甚至自己分飾兩角，一邊扮演主人、一邊扮演毛孩，假裝和毛孩也會講「人」話。還好家人都已經習慣，不然一定以為我瘋了！

經過多年的這種「對話」後發現，對汪星人這麼做，因為他們會願意聽你講話，慢慢地好像也會聽得懂一些人類的詞彙。但對大部分天生傲嬌的喵星人來說，似乎就沒那麼容易了！

舉個例子來說：咱家的 Happy 妹子就不太領情，和她講話時她根本就是假裝沒聽到，轉身離開後瀟灑的去陽台邊做日光浴，或是閃到一旁冷眼看著我這個瘋爸，我認為她應該覺得我跟她講話的行為是神經病才會做的事。

## 從人到毛孩的角度去看溝通

於是乎，我這個喵爸開始為了 Happy 去研究怎麼和她對話，並且理解她的想法。因為我有感受到其實她不是不想理我，只是她用了不同的方式表達對我的愛。

更重要的是，我想要知道她心情好不好、身體是不是健康，尤其當她有一些反常的狀況甚至不正常的生理表現，例如嘔吐、拉肚子、連續的咳嗽……身為主人當然會非常緊張，嚴重時當然是帶她去看醫生，但是我也不禁心想：預防重於治療，若能透過一些方法了解她，知道她真正的需求是什麼，就可以讓她更快樂、更健康的和我們一起生活。

當我越想了解毛孩，越希望知道他們在想些什麼時，我發現我的心裡開始起了一種化學變化：從一開始是站在主人立場的想了解毛孩，轉變為希望他們開心，到最後是想要理解他們的思考模式、生活方式，想用更自然的方式，和他們一起生活，而不是訓練、改變他們來適應人類。

我想要能和毛孩直接「對話」，這種看似瘋狂的想法，也越來越強烈。因此，我也開始搜尋有關「動物溝通」的資訊。

## 開啟與動物「直接」溝通的能力

在一次偶然的機會裡，和家裡一樣有養貓的同事談起最近很夯的「動物溝通」，我們討論到有些老師是使用道具或借助類似宗教的方式去進行溝通，而身為訓練領域的我知道，要有效的學習一項技能，最好的方式是要能拆解出有邏輯的步驟去學習。

且用宗教的方式較容易陷入一種科學無法驗證真偽的爭論中。於是我們找到澄識心坊的課程，發現兩位授課老師是擁有正統心理諮商與催眠背景的科學派，這令我不禁興起了想去了解的念頭，經過一番討論，不僅找了同事，也拉著家人一起報名這堂課程，正式開啟了「直接」和動物溝通的里程。

兩天理論課程的時間其實很短，但實務經驗的累積卻是永無止盡。

課程中談到「靜心」，便是讓自己打開潛意識，去迎接來自動物的訊息，這是動物溝通中最重要的一件事。但要放下自己的意識、不起念頭，生活在現代高度競爭的工商社會中，是一件多麼困難的事啊！但在之前曾取得國際 NLP 執行師證照，因此自己運用了一些自我放鬆的方法，並且在練習靜心時，先從數息開始，把意識層的諸多念頭拋開，專注只在自己的呼吸上，看著自己的胸口隨著呼吸起伏，聽著呼吸聲、感受著空氣從鼻腔吸入到肺部，再由肺部回到鼻腔呼出體外……慢慢的就會進入一種沒有什麼感覺的境界。

當然，有時自己很累的話其實很容易睡著，但我會把睡著當作一件好事，不會去排斥它，好讓我下次靜心時不會去起「擔心又會睡著」的念頭，反而干擾我靜心的練習。

由於自己從事訓練領域的工作，清楚想要快速熟悉一項技能，最佳的方法就是不斷勤勞、並且用對方法練習。幸好在過程中，許多朋友願意出借自家的毛孩當作我的白老鼠，加上老師所建立的「共訓」機制，也能讓一起學習的動物溝通師們，可以與老師請益並互相交流。我也在短短幾個月時間累積了近十隻不同的汪、喵，重複多次的聊天經驗，這當然也包含了自家喵。

## 學習、運用、檢討、進化

由於自己還是菜鳥動物溝通師，因此常常會遇到一些問題：比如在第一次與毛孩溝通時，我都會請主人提早和毛孩說有位大叔這幾天會和他們聊天，他們便可能因為知道有「人」要和他們聊天而太嗨，所以「第一次接觸」常常會遇到毛孩蹦蹦跳跳然後靜不下來、無法好好說話的狀況。

然後有時候好不容易問到的訊息，經過事後向主人驗證，答案大多都是錯的，不禁覺得他們真是調皮的毛孩子……但其實我知道，是自己沒有真正靜下心來迎接來自毛孩的訊息，得到的結果才會是假的，所以我也知道自己不該沒搞清楚狀況還去怪毛孩。

這的確是最初累積經驗時，發生過幾次的烏龍狀況，但哪個小孩學走路不是跌跌撞撞的呢？因此也不會感到太氣餒，只是有時會被自己的想像力搞得啼笑皆非。

當然也有「連線」成功的經驗，但因為初學者總是不太穩定，因此我要說：毛孩子的爸媽願意出借自家毛孩當白老鼠給我們練習，真的很感謝您們，也很謝謝毛孩願意給我這個「噗攏共」的新手溝通師很多次交談的機會。

不過，我從幾次相對穩定成功的溝通中有發現，即使我們有時和他們聊到一半就斷線，下次重新（從心）聊天時，他們其實都還是很樂意和我們交流的。

學習比起練習真的比較容易，當初看著老師示範教學，感覺好像不會特別困難，但真正自己練習起來，中間的過程絕對可以寫一本書。但我也從來不會因此覺得沮喪或挫敗，因為自從開始了動物溝通的學習後，我總感覺到自家喵看我的眼神變得不同，我叫她也變得很有反應，原本以前她都不太理我的。

我似乎能感受到 Happy 期待著我能與她直接對話，而且我依然很希望能找到人類和毛孩能自然和諧共同生活的方式。每當想到這裡，就會感覺到心臟加速撲通撲通的跳著，還有頭皮微微發麻的感覺。內心的渴望透過身體讓我感覺到，這是我真正想要的。

因此不管我是不是資質駑鈍，未來是否有漫長艱辛的路程等著考驗我的耐力，我都會持之以恆的練習下去，直到成為合格的「動物溝通師」。

## 動物溝通新里程

接下來要和大家分享一個與汪星人溝通的經驗——這個案例是一位朋友的汪女兒，這位汪星妹子叫做「米茶」，米茶是個漂亮的長髮臘腸妹，爸媽都很寵她。

米茶的爸媽平常白天都得忙碌的工作，和一般的雙薪家庭無異，直到晚上才會回家，家裡還有一位小姐姐，一家四口十條腿。但有一個小小的困擾，就是每到夜深人靜的時刻，人類們呼聲大作時，她就會開始汪汪叫，叫到有人醒來陪她為止。因此爹娘就得猜拳決定誰得犧牲睡眠，起床陪伴安撫她，症狀嚴重時甚至得破例帶進房間睡覺。

某次和朋友見面，聊到我有學動物溝通這件事，我朋友立刻請我好好地跟「米茶」聊聊，希望能改善這個問題。

在和米茶聊天的過程中，發現她真的是一個愛撒嬌的妹子，問到她為何半夜要吵鬧，原因其實很簡單，相信大家應該也能猜中：就是需要陪伴！

她告訴我說：「我每天都等好久才見到爸爸媽媽，可是他們回來之後也沒有花時間跟我玩，我一直等到他們都去睡覺了！真的很失望，我只好叫他們陪我啊！」

我和米茶說：「如果爸爸媽媽有每天和妳玩一下，妳是不是就不會叫了？」米茶就用她的萌眼看著我並點點頭。

我將這個訊息提供給朋友，表達其實米茶精力旺盛，白天都睡飽了：「你們晚上如果沒有讓她發洩精力、陪她玩一玩，她不僅心情不好，而且體力無處發揮，所以只好唱歌給你們聽囉！」

主人接下來幾天就開始在回到家之後盡量多和米茶互動，陪她玩一玩，若當天工作比較累，也會抱抱她、和她說說話，不冷落她，果然情況就改善很多。

但米茶的故事沒有這麼簡單，這一回合結束後，我朋友繼續告訴我米茶還有一個怪癖，就是每當臭臭（主人和她的對話中，便便是指小便、臭臭是大便）完，就會對著臭臭開始大叫，而且不時還會便便、臭臭在沙發上，這個就嚴重了。因此就找時間來準備進行第二次的溝通。

但接下來的一段期間因為個人狀況不好，溝通的準確度都很差，所以和主人說明後，過了一段時間養好身體，才成功與米茶進行再次的溝通。對我來說，自身的身心狀況，其實也非常重要，狀況不佳時，對話的進行就會受到影響。

這次的溝通中，米茶很熱情的一直想親我，和她互動了一下之後，我試著問米茶：「妳知道要去哪裡便便、臭臭嗎？」米茶給我一個畫面訊息，是籠子裡的鐵盆。

我接著問：「對啊！那妳臭臭完為何會一直叫呢？」

米茶：「因為很臭，而且會踩到啊！這樣怎麼進去便便？」

我繼續問：「喔！妳好棒喔！可是為什麼有時候妳會把臭臭留在沙發上？這樣不是妳和爸爸媽媽都不能上沙發了？」

米茶說：「這樣他們才會知道要和我玩啊！」

看到這裡，大家應該都明白了吧！其實半夜亂叫和在沙發上大小便，以及其它主人有提到的一些小搗蛋的行為，背後的意義不外乎都是希望引起主人的注意，需要主人多和她互動玩耍。

於是我告訴米茶：「這樣的話爸爸媽媽得把時間用在整理沙發，然後會對妳生氣，結果就是更不會跟妳玩啊！」

此時突然浮現出一個念頭——如果要引起爸爸媽媽的注意，可以等他們回家，輕輕的咬她們的褲管或是拖鞋，這樣他們就會注意我了——我不知道是我想到這個方法，還是米茶告訴我她想這樣做的，但這的確是個好方法，於是在這次溝通結束後，我便和主人提到這個方法。

主人告訴我：「我剛到家，米茶就跑來一直咬我褲管，而且她以前沒有這麼做過……」不管這是巧合，還是是米茶告訴我她想這麼做，甚至是我告訴她可以這麼做——這都無所謂，因為事情的重點是要能讓米茶和主人開心的生活，至於過程，只要心中所想，是對方樂於接受的善意，一切就不會是問題。

過了幾天後，我有再向米茶確認「咬褲管」是不是她想到的主意，答案是肯定的，因此證明了其實米茶理解了她之前搗蛋的方法不太好，她要用新的方法——「咬褲管」！來吸引主人注意。

只是身為新手溝通師的我，無法當下確認這個念頭是我想到的，還是動物給我的，但就如剛剛所說，只要是出自善意，讓主人與毛孩關係更好，即便我的功力還需要時間累積，也沒有關係的！

## 讓動物溝通不只是對話

在過去，我出自於內心對毛孩的喜愛，會比較多用「猜測」的同理心去思考毛孩的需求，雖然不會差太多，但覺得搔不到癢處，而且也沒有辦法幫助其他毛主人，更時常會看到毛主人與毛孩的關係持續地緊張或找不到平衡點。

身為企業講師，常常在課堂中分享如何經營人際關係與做好溝通，而在學習了動物溝通後，也交叉印證了動物間（人與毛孩都是動物）的溝通，其實本質相同，除了要用對語言模式，例如對美國人就要說美語、日本人就講日文……之外，還需要用心接收對方的訊息及發自善意去表達自己的意見，最終才有機會建立良好的關係。

現在對「溝通」有更清楚的認知後，對毛孩也更能真正的把他們當作如同「人」一樣的生命個體去理解與尊重，且這一切都在往更和諧的方向去發展。

我家的Happy見證了我與當初想養貓的這位女友一路從結婚到生子的過程，和我們一家的關係也因為藉由我的溝通，更加的親而不膩，也感覺到我們更愛彼此，甚至還會幫忙哄我家不到一歲的寶寶，在寶寶哭泣時用溫柔的叫聲發揮安撫的作用。

朋友們也在我這個噗攏共的溝通師翻譯下，和毛孩彼此了解對方的需求，也感受到來自對方的愛，讓他們的關係也開始變得更和諧……。

每次的溝通練習，除了可以幫助朋友和他們的毛孩，自己同時能累積經驗外，其實最棒的一件事，就是從溝通中能感受並傳遞主人與毛孩的情感，自己以催化劑的角色，幫助他們能更早感受彼此的愛，這樣不管以後是否毛孩又在搗蛋，相信主人也更有能力以愛心去察覺並理解背後的意義，來調整彼此的互動。

當未來有一天，不管是毛孩，還是主人肉體型態的生命消逝時，彼此留下的，都是滿滿的思念與祝福，而沒有留下遺憾。

祝福以前養過，或現在正擁有毛孩的各位，都能懷念及享受與毛孩的日常。未來希望與毛孩一起生活的朋友們，您與毛孩的緣分，其實不需用金錢來連結；當您準備好迎接他們時，到收容流浪動物的相關機構去走走逛逛吧！相信您會在那裡撿到寶，更期待您們未來會擦出許多美好的火花！

# 我們都互相影響著

## 文文

從小跟著狗狗貓咪成長，喜愛大自然，以及說走就走小旅行的動物溝通師。相信動物們都會有自己的習性想法，尊重生命，也愛跟旅行中碰到的良善動物朋友們打招呼，以及逗逗他們。

## 緣起

自從我有印象以來，更正確的說法，應該是我還在媽媽肚子裡的時候，家裡就沒少過毛孩子！全盛時期家裡還會同時有狗，貓咪，小鳥，魚以及烏龜的存在。（有些人此時可能會覺得這像是某種詭異的食物鏈組合，老實說，我自己還真的看過好幾次我家貓咪，特地去魚缸喝水時，會偷偷舔一下靠近水面的魚）

而有的時候甚至會覺得這些毛孩子們是不是聽得懂人話？例如曾經養過一隻顧家的狼犬Ruby，某次出門兩三天時，請親戚來照顧三餐，但因為沒有先跟他說我們要出去玩，想不到Ruby那幾天居然不吃東西，就像是萬一被下毒沒人顧家怎麼辦似的……後來我們只要出遠門，就會跟Ruby說請他好好乖乖在家，會有誰來照顧他，我們過幾天就回來，結果這隻顧家狗狗果然就正常飲食跟平常習慣一樣了。

另外，現在家裡養的一隻拉不拉多Rayna，只要出門前忘了說一聲：「乖乖在家喔，我們等下就回來。」當門一關上，馬上就會聽到狗叫聲，但只要出門前交代這句話，Rayna就真的會乖乖的坐在家裡目送我們出門，就連大門開著也不會嘗試跑出去。

而第一次接觸到動物溝通，是溝通師孟孟跟我們家的Rayna連結，當時很訝異孟孟可以把Rayna喜愛零食的模樣（一個白色的牛皮骨），以及平常家人的生活習慣，家庭擺設描述出來，也了解到原來狗狗對於家人的每一個動作都有這麼多的疑惑與想法，感覺透過那次的動物溝通後，更加了解Rayna的個性，除了天生膽小外，其實是一隻很善良的狗狗呢！

## 學習過程與練習

自從有過動物溝通初體驗後，也了解這其實是一種人人都有的直覺接收能力，可以想像成雖然小嬰兒不會說話，但做父母的往往從一個眼神動作就大概知道嬰兒是餓了，還是尿布濕了。

前頭提到狼犬Ruby跟拉不拉多Rayna，明明他們天生就是汪汪叫的，卻都很神奇的彷彿聽得懂人話，可以接收到主人想要表達的意思，所以當我一知道有動物溝通的課程後，就非常開心的報名了。

上課期間，除了一些基本觀念外，老師會帶領大家做長時間的靜心冥想，把心裡的雜念慢慢放掉，全然進入一個放鬆接收卻又專注的狀態，接下來就看著動物照片，想著動物的名字，開始進行溝通。

記得當時課堂上練習的動物老師是一隻黃金獵犬，在過程中也慢慢接收到一些畫面，記得在問狗狗喜歡什麼時，本來以為會出現像是玩具狗骨頭之類的東西，結果卻看到一隻貓！後來跟飼主核對後，才知道是他現在的玩伴，真的十分有趣。

而回到家後自己練習的過程中，我一開始會回想著課堂上的方式，先接收完訊息，再另外跟飼主約時間核對，所以我會請飼主先把想問的問題提出，這樣的過程也比較沒有時間壓力，甚至有時候放鬆太舒服想睡了，心裡也就想說：好吧！乾脆睡個舒服的午覺吧！

靜心時，我習慣透過聽音樂，還有噴上自己喜歡的精油味道，開始慢慢讓自己安穩下來，而每一次的接收過程，會隨著動物的個性而不太一樣。

我也會跟飼主提及，自己的連結狀態會隨著動物個性不同，得到不一樣的資訊量，更因為是直覺性的，所以會盡量不帶自己的想法，看到什麼、聽到什麼，或是感覺到什麼，都會記下來跟飼主核對。而動物們也跟人類一樣，會隨著個性不同，面對事情的態度也不同。

某次接觸到兩隻貓咪的案例，飼主想詢問為什麼他們都怕剪指甲。當時我問第一隻貓咪時，對方是一隻愛撒嬌的小白貓——妹妹，有些問題我都還沒發問，就自己拼命的說給我聽，還主動跟我說超愛哥哥（後來證實哥哥是一隻很會照顧妹妹的公貓），還順便顯示主人喜歡對她做的事情畫面（帶點小嬌嗔的味道）。而當我一問到剪指甲時，她馬上就用一個誇張的語氣說：「很可怕耶！」後來經過溝通後，才妥協成不要讓她看到。後來飼主也說明了，妹妹的確是不要看到就比較不怕，果然是一位愛撒嬌的小公主。

後來問第二隻貓咪——元旦，為什麼不想剪指甲時，在連結過程中花了更多的時間等待，因為感覺得到對方是一隻比較容易緊張的貓咪，不像妹妹那樣多話。中間詢問到愛吃的食物時，除了看到盆子有白白的東西外，甚至還聞到一股肉香味，而問到剪指甲的問題時，元旦只回答不喜歡被抓腳，我再問他：如果真的要剪呢？他就顯示了一個像是長條狀物的食物給我看。

後來跟飼主核對，原來元旦除了容易緊張，不喜歡被碰之外，更是愛吃！而那個長條狀物正是他最愛吃的肉泥，看到盆子裡白白的東西以及肉香味，是因為主人平常會煮雞肉給貓咪吃。元旦甚至還分享了食物味道給我，看來吃真的是他的最愛。

而既然是直覺接收，也常常會出現一些不在我認知裡頭的畫面，這時就需要不斷的練習與核對。這些畫面有時候會是動物的視野，有時候也可能是家庭的特殊習慣。

例如有一次，我溝通到一隻住在美國，生活非常開心的狗，問他喜歡吃的食物時，除了顯示碗盆擺放的位置外，還接收到一個奇怪的畫面——雖然有些模糊，但直覺告訴我，那是一碗「肉骨湯」。但在我的印象中，狗除了吃飼料罐頭跟鮮食外，我第一次碰到喝湯的！甚至我再次確認時，這隻狗還很可愛的顯示了媽媽在廚房煮湯的畫面給我看。

後來跟飼主核對後，才知道那是這隻狗最喜歡的食物，他們習慣煮一鍋肉骨湯然後冰在冰箱，在要出遠門時會為了安撫狗狗，拿出肉骨湯加熱給狗吃喝。從狗狗的行為來看，也看得出來狗狗非常喜愛這肉骨湯，每次飼主準備要出遠門時，狗狗原本是目送出門的眼光，卻往往在車子還沒離開，便馬上回頭開始喝他的湯了。

漸漸的，隨著練習次數的增加，我開始跟飼主直接約定一個時間，透過電話溝通方式，直接進行線上即時核對，而除了照片跟姓名的資訊外，除非飼主很想提供了解的問題，我乾脆讓自己對這些動物的訊息度為零，這樣也可以讓自己不會有一些先入為主的觀念，而影響到後頭的溝通。

而有時候飼主煩惱的問題，其實在前頭接收訊息的過程中，動物就會主動告知。例如有一次連結一隻法鬥，當我在詢問身體狀態時，他想了想說：「媽媽說我亂大便！」當我再針對這個問題做進一步詢問時，法鬥回答：「都有大在籠子裡。」而跟飼主核對後才知道，原來讓飼主煩惱的就是法鬥愛玩大便，雖然大在籠子裡沒錯，但總是會把大便用得到處都是……

藉由連結，我才了解到法鬥是因為心理需求而做出的無聲抗議，而經過這次溝通後，飼主也向我回饋大便完整度有比之前高了，不像以前弄得滿籠子都是，很難清理。有趣的是，這個家庭除了法鬥外，還有另一隻雪納瑞，在溝通時可以很清楚的感覺到——雖然同樣都是愛黏著主人，但法鬥給人的感覺是需求性高，而雪納瑞則是想要得到主人的認同，喜歡被稱讚。

飼主希望雪納瑞不要在準備飯食的時候吠叫，因為吠叫會讓他有很大的心理壓力。在經過溝通後，這隻喜歡被稱讚的狗狗，就改掉等放飯時吠叫的習慣了。當然，這兩起案例飼主都有配合動物個性，來給予稱讚與關懷。

有些讀者可能心理會納悶，這種接收資訊的感覺到底是什麼？其實越全然的接收、彷彿這個當下只有你跟這隻動物、盡量不去做過多分析，才能更好地接收訊息——就像我在溝通法鬥時出現了一個澡盆，感覺到的訊息是很開心，但連結到同樣家庭的雪納瑞時，相同的洗澡場景卻感受到一種害怕的感覺，而與飼主核對後知道果然法鬥超愛泡澡，而雪納瑞每次洗澡時都像個小媳婦一樣委屈。

## 飼主家庭氣氛與寵物間的關係案例

（以下內容均已徵得飼主同意）

這個案例是我很早期接觸的溝通，這裡頭會提到「家庭關係」，像是威權的父親（會有比較激進的行為）對於整個家庭氣氛的影響，以及與寵物之間會有怎樣微妙的關係發展。

當時聯繫的飼主窗口，是位熱情開朗的女生，以下稱呼S小姐。S小姐家裡養了兩隻貓，分別叫做「小喵」與「小草」。我還記得剛跟小喵連結上時，可以很明顯地感覺到是一隻愛撒嬌的貓咪，喜歡受到關注與稱讚，像個孩子一樣，還大方的分享家裡動線，以及客廳到廚房的擺設，而當我問小喵有沒有特別想表達的，一個可愛的聲音傳進腦海：「我很棒！很乖！小喵是寶貝！」

甚至也出現小喵來討親親的臉龐：「親親，親親！」還秀出跳高高的景象給我看。S小姐聽完大笑，表示這很符合她家小喵的個性，平常他也還蠻喜歡跳到高處，而且由於前陣子S小姐的媽媽開始在家幫人帶小孩後，感覺到小喵有些吃醋，因此這陣子都會特別稱讚小喵很棒，還會熱情的親吻小喵。

有趣的是，當我詢問小喵有沒有特別喜歡的玩具時，我聽到小車子，然後看到一個像是無尾熊造型的長條狀物。S小姐當時表示小車子是家中小孩的玩具，無尾熊造型物則不清楚，沒有看過這東西。

而我在與小草接觸時，感覺到小草與小喵的個性大不同，小草給人一種默默注視、觀察者的感覺，不像小喵一樣有許多聲音的分享，我接受到的是以畫面居多，而小草對陌生人的戒心也比較重，若要用人類的說法，可以用「酷貓」來形容。

在第一次與兩隻貓咪的溝通結束後，隔幾天我突然收到S小姐傳來的圖片，就是小喵當時分享給我看、但飼主卻完全沒印象的無尾熊造型筆袋——顏色跟形狀真的與畫面中完全一模一樣。

S小姐表示她看到時也很驚訝，才知道這筆袋是其他家人買回來，放在家中小孩的玩具箱裡。聽完我們都覺得小喵也太逗趣了，看來他對於家中出現的小孩真的感到有些吃味，連喜歡的玩具都回答小孩的玩具。但也因為如此，S小姐了解到小喵非常需要飼主關注，而更加特別照顧到貓咪的情緒。

大約經過三個月後，有一天晚上我突然接到S小姐發來的訊息，想請我有空幫忙跟家中的兩隻貓咪溝通。原來是小喵誤傷了家中的小孩，S小姐的爸爸一怒之下原本要將家裡的貓咪送走，後來經過一番抗爭之後，變成把貓咪養在陽台。但十分擔心的S小姐，希望我可以好好幫忙安撫貓咪們的心情，並表示未來一定會好好想個辦法，找房子一起搬出去住！

感受到S小姐這股焦急的心情，我隔沒幾天就開始進行這次的溝通，也許是之前溝通過的關係，這次沒有花太多的時間，一連結上小喵之後，他就馬上跑來撒嬌，然後委屈的說自己被打了……畫面中有一幕一直喵喵叫（跟第一次連結時的感受不太一樣，當時也沒有像這樣的叫法），可以感受到情緒整體是撒嬌、委屈跟尋求安慰。

而小草相對來說比較平穩些，但跟第一次的溝通酷酷的個性比起來，也多了一些情緒反應，感覺偏向心情不高興，但最終還是漠然接受。我先跟S小姐簡單做了一些核對，開始聊到貓咪們的心情後，S小姐沉澱了一下，告訴我，其實她爸爸在家裡是屬於權威式的存在，小時候爸爸的管教方式也比較嚴厲，會用打罵的方式，讓S小姐有不受到重視的感受，而長大後雖然已經不會被如此嚴厲的管教，但對爸爸還是存在著畏懼感。

這次爸爸對小喵的管教方式，就像是小時候那種嚴厲的打罵管教法，在這段期間，小喵更是反常的想要討關懷，只要一忽略沒有及時餵飯，就會一直喵喵叫，而小草雖然相對來說感覺比較安定，也躲得很快沒有被打，但碰到爸爸回家時也會開始緊張。

這段時間裡，我們就這樣溝通著、回憶著、陪伴著，也彷彿在檢視著一段家庭關係。

S小姐突然發現，這就像是一個循環，小時候父親嚴厲管教時，媽媽做出的反應則是不斷地安撫孩子。等到長大後家裡的貓咪彷彿是自己的孩子一樣，S小姐對父親的畏懼其實還是存在，而貓咪們也在無意識之間總是迴避著父親，畏懼著這位長輩。

等到父親開始用小時候的嚴厲方式管教貓咪時，S小姐其實做出的第一反應也是安撫貓咪，她甚至訝異的發現到，其實兩隻貓咪的反應——小喵的委屈以及小草的默然接受——其實就跟當年還無法做任何事情的自己一樣……

這是一個很特別的溝通經驗，透過貓咪間的反應與家人的互動，慢慢的核對帶領之下，S小姐彷彿重新審視了自己的人生，當下感覺自己除了是動物溝通師的角色外，也是一個聆聽者、陪伴者的角色。我很感謝S小姐的信任與發現，在這些過程中，我們彼此都深深感受到，寵物們其實比想像中的還要可以感受到飼主的心情，並且會受家庭氣氛所影響。

透過此次溝通，幫忙傳達會帶貓咪搬出去住的訊息之後，一方面是要安撫貓咪的心情，但其實也同時在讓S小姐放心。更重要的是，經過這次的發現，S小姐也決定開始做出改變。

直到前陣子S小姐跟我分享，後來家庭其他成員們彼此有共識，並鼓起勇氣，敞開心胸直接跟父親溝通，目前整體家庭氣氛跟以前比起來改善很多，父親與家人間彼此的關係也有大大的進步與和諧。她也可以明顯感受到，貓咪們的心情比之前還安穩，而且也真的要搬出去了，只是不像之前的想法是逃離般的離開，而是其他美好的理由呢！

## 學習動物溝通後的感想

學習動物溝通，除了感受到動物間那種純粹的情感，以及與飼主之間的交流外，其實每一次的過程都讓人十分感動，就像是陪著飼主們重新回憶寵物來到這個家庭後發生的每件事情，更加深刻的了解自己毛孩子的心理狀態，有時甚至會陪著飼主一起哭、一起笑，每一次的相遇都讓我覺得是美麗且值得珍惜的。

也因為前頭的靜心過程，讓我可以更感受當下的身體狀況、情緒，體察自身的狀態。舉例來說，日常生活中可能會遇到一些不如意的事情，當壓力來時，雖然會做出在社會價值觀下，一個懂事成年人該有的反應，但總還是會有些悶悶的感覺。因此，當一個人有安心的空間可以靜下來時，也開始學習跟自己對話、照顧自己的情緒，問問自己怎麼了，或許可能是有些委屈，但也會問自己為什麼會感到委屈。

在經過安撫與接納自己的動作，可以用更健康的態度面對生活上的種種。甚至在平日中也可以覺察到現在自己的情緒有所波動，讓自己在遭遇事情時能當下深吸一口氣，多想一下，或者乾脆就直接順應著，接受那股情緒再隨之消化。

我想，既然都開始跟動物溝通了，那花點時間跟自己相處也是挺有意思的呢！

# 從溝通中學習

## 小婕

中華亞洲環境生態護育交流協會（簡稱亞護會）貓咪訓練師、動物溝通師、靈氣療癒師、心靈牌卡諮詢師、美國ACHE催眠師證照。

# 新手毛孩媽媽初進化

我是一位三隻貓的飼主，毛孩子們都是從收容單位認養的米克斯母貓。一隻奶油橘貓名為「妞妞」，另一隻灰白虎斑貓叫「妹妹」，年紀最小的是黑貓「恰恰」。

妞妞與妹妹是從二〇〇八年三月，兩隻貓剛斷奶就帶回家。那時候僅憑著喜愛貓許久的心情而跑去領養，卻沒有研究該如何飼育。正如同許多慌亂的新手爸媽們一般，一邊手忙腳亂帶小皮貓，一邊做著功課學習怎麼照顧；也對他們許下終生承諾、不離不棄，視他們為最重要的毛寶貝們。

「恰恰」則是在開始養貓七年後，親自接手中途與送養（註一）的貓之一，最終決定由自己收養。養貓多年也發現自己的粗神經，三個名字皆為貓界中的菜市場名。察覺到這點時，當下感覺非常對不起他們，沒想些時尚又好聽的稱呼。

學習飼養貓的過程中，漸漸接觸與了解到，關於流浪貓所面臨的待遇與困境。出於對流浪貓的同理心與憐憫心，毅然決然決定加入流浪貓中途與送養志工行列。

也在真正接觸流浪貓後才發現，原來照顧流浪貓直至送養的過程，遠比自己想像中更加複雜與困難。照顧長年流浪在外的毛孩子、居家馴養的貓，是完全不同概念的方式。正面接收到這項衝擊後，我開始學習全新一輪對於流浪貓的飼養與訓練。除了私下翻閱大量文獻與了解其生物特性、習性之外，同時也向許多中途前輩們一一請教，更積極參與許多關於貓的正規相關課程。這些訓練大多都是針對貓的天生習性以及行為，是非常專業並且實務的教學。

中途貓與家居豢養貓最大不同點在於，中途貓在外流浪時，或許曾經遭受過大量不友善對待，導致對人類的信任度以及配合度都非常低下。所以訓練首要條件，就是必須讓訓練中的貓重新了解，並且願意信任人類、適應新的居住習慣與環境，才有辦法調整貓對人類與居家的行為。但試想，若同樣的處境套用到自己身上，再度相信人類又談何容易？所以往往在初期的信任度培養上，都得花費許多精神與時間，只求貓願意再度敞開心房。

## 與毛小孩對話

第一次動物溝通，就在不間斷的學習訓練中途貓與送養期間，一隻當時親人訓練（註二）中的貓，平日裡早就相當親人與撒嬌，卻總是屢屢在送養會場上展現脾氣與不快。當時苦無對策，隨即向其他資深中途請益，而在因緣際會下經過介紹，認識了一位擅長動物溝通的中途，那時是我第一次認知，原來人也可以與動物雙向對話。

在感覺神奇與半信半疑之下，厚著臉皮商請對方與那隻貓進行溝通，試圖了解他是否不願意進入新家庭。溝通師結束連結後便驚訝的轉頭、瞪大雙眼看著我，說除了詢問他過往的遭遇之外，隨後也告訴我，那隻貓並不知道何謂「找一個家，有爸爸媽媽疼愛」的概念。

而透過溝通師對那隻貓說明為什麼需要找家與有家的好處後，配合調整訓練手法，出現了一組非常疼愛他的家人領養他，帶他回家過著非常受寵的生活。從此動物溝通這件事便在內心中烙下了深刻印象。

接觸動物溝通後，才發現在此之前所學習的種種知識，都是經由了解貓的天性與行為，來引導他們在行為上建立對人類的信任感，進一步達成與人類和平共處、共同居住，但更深度來說，貓同樣擁有各種情感，而學習那麼多訓練技巧與方式，訓練出適合進入家庭的貓，卻忽略了由潛意識與貓連結，感受雙向情感交流。

曾經的我，以為已經越來越了解貓，並且與自家的貓感情越來越好，卻似乎不是那麼一回事。一直以來，我們就好像是一起居住的室友，互相交好著過日子，卻從來不曾真正的互相深度了解、交心過。於是再一次下定決心，一定要學會動物溝通，無論是中途親訓送養的貓，或是自己收編的貓，我都想更深層的感受與理解屬於他們的感受，讓彼此之間不單只是存在著信任感。

## 動物溝通小嫩芽

在對動物溝通徹底無知的基礎下，該從哪裡開始、如何學習，我其實沒有任何概念。在網路上搜尋到的所有資訊，也包含了對動物溝通的種種質疑。買了教學書籍後，由於平日裡自身對身心靈體驗方面較弱，大多是偏重科學實踐理論，所以在閱讀書中內容時，隨即又產生了更多疑問，而後更發現，學習動物溝通也有不同的體系與操作方式。這些認知都讓我更加不知所措，不知道該從何入門。最終選定澄識心坊專頁所說明的，採用科學論證方式，達成與動物們潛意識連結溝通。

抱著好奇、疑惑與不安，開始了以科學、人文體系為主的課程。初衷也相當簡單，既然要學習動物的想法與情緒，那麼就得為他們詮釋情感與發聲。但真正開始上課後，又被重新震撼了三觀（人生觀、價值觀、世界觀）——在課程中學習到的，大致上分為以下三點：

一，在做任何的連結溝通前，必須先照顧並調整穩定好自己的情緒以及健康狀態。

二，接收到小寶貝訊息後，必須以誠實不扭曲的方式，表達出他們真正的感受與想說的話。

三，溝通師不僅僅是為了溝通對象發聲，也必須擔任飼主與溝通對象之間的橋樑。除了照顧溝通對象之外，同樣需要關心飼主的想法與感受。

老師們特別提出，溝通師同樣需要關心飼主的想法與感受。其實當下非常沒有自信能夠做到甚至做好這部份，因為在中途與送養貓咪的時期裡，經常會接觸到許多人對動物的無常以及各種不幸。

雖然課堂上，老師們對每一位學員的提問都相當樂意提供協助，但我非常清楚這是屬於自身的課題，因為關乎到個人對這個世界以及他人的觀點想法。這些都必須發自內心，重新思考關於人生定義與自我克服。

## 不斷練習迎接改變

澄識動物溝通的訓練中花費最多時間的，其實是經由催眠的手法讓身體、心靈，去感受與體會絕對的放鬆與靜心。催眠並不是讓人睡著，更不是經由語言或神奇方法控制人的心智。

被催眠的同時，個人意識是依舊存在與清醒的，催眠只是一種讓潛意識浮現，而意識稍微降下以利觀察自我情緒的手法，經由潛意識浮現的練習，同樣能達成與動物們的潛意識連結。

隨著課程推進，練習穩定自己的內在情緒，以及持續和自家貓與親訓貓溝通的過程中，很多事情慢慢開始有了變化——起先是由妞妞、妹妹與恰恰開始。

打從學會如何與動物情感連結後，每天只要起床做任何事情，我都會向三隻小貓說明與報備。以往只要出門，他們一向是各過各的，不太理會我的動向，但自從開始報備後，小貓們只要意識到我要出門或回家，幾乎都會在門邊「十八相送」或迎接，導致每次出門都必須最少提前十分鐘，以迎合他們，回家亦然。

雖然依照貓與人之間的信任度、親密度以及配合訓練方式與條件，也可以達成這些行為，但是與動物互相連結後，彼此之前那種雙向的情感交流體會，是難以說明與不可取代的。

## 中途貓——斑哥小檔案

同時期有幾隻貓正在接受親人訓練，其中一隻深褐色虎斑公貓名叫「斑哥」，他是一隻在戶外出生的貓，平日裡最喜歡黏在流浪貓媽媽身邊。當該區的愛心中途小姐發現他們時，立刻帶著兩隻貓去結紮，然後原地放回。那時的斑哥大約七個月大，正處於對任何事都充滿旺盛好奇心的年齡，而後將近一年的時間裡，愛心中途小姐每天都會在當區固定幾個地點餵食流浪貓，斑哥經常整路尾隨著她。沿途，斑哥會極盡撒嬌之能事，善用頭頂撒嬌、偷親、甚至黏著愛心中途小姐的腳整路滾，導致她因為怕踩到斑哥，得像七爺、八爺般的開著腳走路。

看到斑哥這麼黏人，愛心中途小姐在二〇一四年九月決定帶他回家送養。到了新環境，由於中途貓數量多，又從廣闊自由的戶外，變成處處受限的室內，斑哥適應的並不順利。牠的情緒與行為越來越不穩定，甚至轉變成會出爪攻擊，雖然還是會撒嬌，但卻漸漸不願意靠近人——愛撒嬌卻不願意靠近人？是的，他很樂意在遠處看著人打滾翻肚，但卻不想要被接近和碰觸了。抱著擔心與不捨斑哥的心情，愛心中途小姐委託我為斑哥進行親人訓練。

通常訓練貓之前，都會詢問對方想要貓咪多親人？大致上分為三種：一，非常愛撒嬌討好人；二，只要不會攻擊即可；三，兇或不兇無所謂，不搞破壞就好。

其實貓的行為，都可以經由訓練去達成，像是親人的高低程度或行為調整。個人偏好只要願意信任與親近人，不需要一定會討好撒嬌，自然自在就好。斑哥不是我訓練過最兇悍的貓，他是一隻在行為上非常好訓練，並且好照顧的貓，但訓練期結束後，即使他不再對人哈氣或攻擊，也同樣沒有意願主動靠近或是黏著人撒嬌——雖然在行為上願意釋出善意，但是心靈上仍舊不願意對人敞開。

## 斑哥的轉變與大愛

在清楚斑哥的內在情況下，我開始進行動物溝通連結，每一日不斷的傳送表達愛與善意；每一天都鼓勵並且由衷地稱讚他是一隻多麼棒又聰明伶俐的小寶貝，縱使他不願意開放心靈交流，我仍舊每天一廂情願的向他傳送愛與善意。斑哥似乎也開始逐漸動搖，在行為與肢體上越來越柔軟，甚至願意主動表達親近與互動。

這些改變，是令人雀躍與感動的，甚至在某天，斑哥也開始表達出他的想法。但當接收到時，我又一陣傻眼。斑哥用他的實際行為與想法表示：「他願意留在我家，當所有其他親訓貓的小老師，與我一起幫助其他貓咪」。

一開始接收到訊息時，很難相信這究竟是個人的自私意念，還是確實屬於他的感受與想法。斑哥原先無論對人或對貓，都保持著一種淡漠距離，不主動親近也不干涉，卻忽然某一日就改變成——只要一開始訓練貓，他就會在身邊用頭與身體蹭撞或是黏靠著我，演示善意給其他貓看，但又不是爭寵行為，只是很單純用行為表現，讓親訓貓知道可以信任我。

而只要每日的訓練告一段落，他也會默默到一旁休息——這些行為讓我很難再質疑自己是否接收錯誤，甚至繼續無視這樣的念頭。於是，我開始轉換與他的對話溝通，盡量讓他理解找一個真正的家，才能擁有專屬幸福，而留在中途訓練就不可能實現這點。雖然情緒上很困惑與掙扎，不知道應該怎麼選擇才是最好的。

照他的意願讓他留下？還是為他尋求美好的家？終究我忍下心疼決定放手，

將他交還給愛心中途小姐，為他尋覓一個家。經過溝通後，他也同意這樣的安排。

## 動物與飼主間的情感連結

接觸動物溝通後更加了解，動物們對飼主的情感連結其實無時無刻存在著。當飼主不安、難過、生氣時，動物們都會接收到，雖然不見得能理解，只能隨著情緒做出行為反應，而這些反應不一定是友好或正面的，很多時候往往會導致動物們表現出不適當甚至不友善的行為。像貓就是在情感上非常敏感的生物，若是在親人訓練中對貓表現出負面情緒，往往會影響到貓對人的行為反應。

學會動物溝通之前，每一次我只能壓抑所有情緒，強迫自己不要顯露任何負面情緒去面對毛小孩們，這個方法在訓練當下相當實用，但每當轉身面對自己時，那些情緒只會排山倒海湧來。

正如先前所提，當飼主諮詢動物行為時，大多會告知「飼養人的情緒狀態穩定，所飼養動物的情緒與行為狀態才會穩定」。過去配合著貓咪天性訓練貓的過程中，隨著每一階段的訓練轉換，他們或許會出現不適應的狀況，導致訓練無法順利進行，而必須再拉長訓練期時，內心會感到非常失落沮喪，更容易產生諸多質疑自己的負面感受。

透過與動物們溝通，發現原來即使強迫自己穩定情緒，他們仍舊能接收到那些絲微的情感，只是因為親人訓練期間的行為語調起伏不大，所以相對影響也較小。透過專業溝通訓練後，在放鬆與靜心時間裡，任何浮現的感受都可以細細體會當中緣由、自我覺察，如此，就能真正面對自己與調適情緒。

## 愛不分種族互相學習

終於理解老師們總是在課堂上強調，溝通師必須先照顧好自己的內在情緒，不單只是關懷小寶貝們，也要關心飼主們的立場與感受，因為每一項都是息息相關、缺一不可。

站在一位動物溝通師與貓咪親人訓練師的雙重立場上，更加清楚動物溝通與動物行為訓練之間的關聯性與差異性。當動物行為發生異常時，除了基本的健康檢查，大多都必須先了解飼主的飼養方式，是否符合該飼養動物的天性。違背生物天性，是許多動物行為失常的主因。

動物溝通無法改變違背生物天性後所產生的行為失常，除了飼主改善飼養方式，終究別無他法，但動物溝通能搭起飼主與動物之間的心靈橋梁、了解彼此的情感喜好，拉近飼主與自家小寶貝之間的親密距離。

由衷感謝每一隻曾經相遇過的動物小老師們。在與動物們接觸的時間裡，他們的行為與情感總是非常直接明瞭並且單純無暇。當自己與動物們產生連結時，他們就如同我的小老師，每次的溝通都會帶出不同的感受與體悟。

動物行為學教會了我配合生物獨特性，用適合彼此的方式，尊重每一個生命個體。動物溝通則讓我學會怎麼照顧情緒、如何適當的表達與接受愛與善意，而尊重與愛，一直都是生命中的艱深課題。

動物溝通是每個人都曾經擁有，卻隨著社會型態改變，逐漸磨滅的能力，衷心盼望每一位飼主都能透過動物溝通，在潛意識裡與小寶貝們連結，互相傳遞、體會愛與被愛。

---

註一：中途與送養：是指暫時照顧動物的人。他們會先暫時收容動物，經過照護後再對外公告送養，為他們找家。

註二：親人訓練：在外流浪的貓，通常原生環境不友善，可能曾被驅趕或被虐，導致對人非常警戒或有高度攻擊性。所以中途貓送養前，都必須先接受親人訓練，引導他們順利轉換與適應居家生活。

好生活 013
原來你這麼愛我：動物心中的小世界

主編：黃孟寅、彭渤程
撰文：陳柔穎、Esther 劉怡德、陳秀楟、Sophie、Hank、Ellen
張米釦、JC、黃懷漢、文文、小婕

美術設計：鄒柏軒
發行人兼總編輯：廖之韻
創意總監：劉定綱
執行編輯：周愛華
法律顧問：林傳哲律師 / 昱昌律師事務所

出版：奇異果文創事業有限公司
地址：台北市大安區羅斯福路三段 193 號 7 樓
電話：（02）23684068
傳真：（02）23685303
網址： https://www.facebook.com/kiwifruitstudio
電子信箱：yun2305@ms61.hinet.net

總經銷：紅螞蟻圖書有限公司
地址：台北市內湖區舊宗路二段 121 巷 19 號
電話：（02）27953656
傳真：（02）27954100
網址：http://www.e-redant.com

印刷：永光彩色印刷股份有限公司
地址：新北市中和區建三路 9 號
電話：（02）22237072

初版：2019 年 2 月 19 日
ISBN：9789869705523
定價：新台幣 280 元

國家圖書館出版品預行編目(CIP)資料

原來你這麼愛我：動物心中的小世界/
黃孟寅, 彭渤程主編. -- 初版. -- 臺北市：
奇異果文創, 2019.02
面； 公分. -- (好生活；13)
ISBN 978-986-97055-2-3(平裝)

1.寵物飼養 2.動物心理學

489.14 107017640

關於愛的探索與體悟。動物們都知道。我們也知道。